生存科学シリーズ6

風の人・土の人

—地域の生存とＮＰＯ—

千賀裕太郎
企画

千賀裕太郎／白石克孝／柏　雅之／福井　隆
飯島　博／曽根原久司／関原　剛
著

東京農工大学 生存科学研究拠点
編集

公人の友社

もくじ

「生存科学シリーズ」刊行によせて

国連「気候変動に関する政府間パネル」（IPCC）は「気候変動二〇〇七―自然科学の論拠」という報告書（二〇〇七・二・二）で、「地球温暖化の原因の九〇％は人間活動による」と明言し、「一〇〇年後には、高成長社会が続く最悪のシナリオで、世界の平均気温が六・四℃上昇」、また「持続発展型社会に移行する最低のシナリオでも二・九℃の上昇」と発表しました。過去一〇〇年で〇・七四℃上昇したために今日の「異常気象」が引き起こされたことを考えると、今後起こりうる気候変動は、まさに計り知れないものがあります。米国元副大統領ゴア氏が作成した映画「不都合な真実」の上映とあいまって、近年の異常気象に関する一般市民の関心は急速に高まっています。二〇世紀の目覚しい発展を支えた化石燃料の大量使用によるグローバリゼーションと大量生産・大量消費、徹底した省力化などのつけが、化石燃料由来の二酸化炭素の大幅削減という文字通り人類生存にとって〝待ったなし〟の課題を私たちにつきつけるにいたったのです。

東京農工大学の二一世紀ＣＯＥ「生存科学」プログラムでは、上で述べた地球温暖化による「環境危機」、温暖化対策と石油枯渇のダブルパンチとしての「エネルギー危機」、気候変動、人口の急増、水・土地等農業生産資源の枯渇に伴う「食糧危機」、そして地球規模の市場経済化により加速されつつある「地域社会の危機」を、「4つの危機」として捉えています。これらの危機は、バイオマスをめぐる食糧生産とエネルギー生産の競合にみられるように、相互に深く関連したグローバルな危機です。

しかし、危機は、具体的には「複合危機」の形で都市、農村、流域などの「地域」に姿を現します。これらの危機が人々の活動の集積として発生している以上、それに対する挑戦は、まさに〝Think Global. Act Local.〟の標語にあるように、世界中の「地域からの挑戦」に翻訳されなければならないでしょう。

これまで個別分野ごとに縦割りで発展し、かつ二〇世紀の科学技術社会作りを担ってきた科学・工学・農学の多くの分野は、いま、グローバルな危機についても地域の危機についても、十分な力を発揮できずにいます。「生存科学」の試みは、そのような科学技術の現状を打破する試みであり、人類と地球の生存をかけて、危機への地域からの挑戦を、人々とともに設計し実現する、新たな横断的領域、「人類生存のための文明制御学」の構築の試みです。私たちは二〇〇二年以来、地域社会の自然、農林商工業の営み、暮らしの現況等にあらためて学び、地元、NPO、自治体、産業界、国など様々な人々との連携の中で、科学技術を鍛え直す取り組みを行ってきました。

「生存科学シリーズ」は、二一世紀COE〝生存科学〟プログラムの成果を、これまで各界で共に支えてくださった方々への感謝の意をこめて、ブックレット＝肩のこらない専門書という形で広く一般市民にお返しするものです。

本シリーズが多くの皆様にご愛読いただけ、手ごろな勉強会のテキストなどとしても活用されることを期待しております。

二〇〇七年二月　吉日

千賀裕太郎・堀尾正靭

第1章　中山間地域の「生存」に向けた課題

千賀裕太郎（東京農工大学）

危機にある多くの中山間集落

中山間地域（注1）が日本の国土や農業生産に占める地位は決して小さくはない。人口でこそ一四％に過ぎないが、国土面積全体の六八％、市町村数で五四％、農家数で四二％、耕地面積で四一％、農業生産額で三七％を占め、とくに果実（四三％）、畜産（四六％）の生産では重要な地域である。

さらに、中山間地域のほとんどが河川流域の最上部の急傾斜地域に立地するため、治山・治水にとって緊要の位置を占める。都市部で失われつつある日本の伝統的な文化、景観、自然の保全、そして保養、育児、学習の場としても、この地域は大きな役割を果たしている。中山間地域は、国民生活の多方面において多面的な機能を発揮することで、人口・経済の集中する都市地域と互いに補完しあうかたちで生存してきたし、これからもそうであることが求められている。

ところが農山村は歴史上経験したことのないほどの厳しい状態に置かれており、その状態はこの一〇年でますます深刻になると予想される。かつては盛んだった農業、林業、水産業、炭焼き、工芸などが一九六〇年代を境に衰退し、農山村から急成長する都市へ若者が続々流出した。それでも近隣の都市に兼業機会が存在する地域は、兼業農村となってある程度の人口維持はできたが、そのような条件の乏しい中山間地域では、後継者不在が一般的になり、かろうじて年金退職者がU、I、Jターンして自給的色彩の濃い農林業を営む場となった。現在中山間地域の農業と社会を中心になって支えている「昭和一桁生まれ世代」(一九二六〜一九三四年生まれ、二〇〇七年時点で七三〜八一歳)が次々にリタイアすることで消滅する集落が増えてきており、国土交通省と総務省による二〇〇七年の調査でも過疎の二六四一集落が今後消滅する可能性があるとしている。ここ五年〜一〇年が中山間地域の生存にとって正念場といって差し支えない状況にある。

もっとも今日、都市部もそこに住み働く人にとって極めて厳しい状況におかれている。一九八〇年代バブル経済崩壊以降、新自由主義のもとグローバル化した熾烈な企業競争に勝ち抜くためと称した企業・行政機関などのリストラや合理化のなかで、都市勤労者のストレスはかつてなく大きくなっている。正規雇用者数が減少し、フリーターなどのワーキングプアーといわれる若・中年層が増え、教育機会の不均等も拡大して、格差社会、不平等社会が形成されつつある。農村でも都市でも、「地域社会が病んでいる」という状況に変わりはないのである。

（注１）中山間地域とは、農業統計に用いられる四つの農業地域類型のうち、平地農業地域と都市的農業地域を除いた、山間農業地域と中間農業地域を合わせた市町村地域を指す。

地域は一つの有機的総合体

同じ「地域」と言っても、農村地域は都市地域とは大きく異なることはいうまでもない。農村は都市に比べて、本来はるかに「自立」可能性に富む地域であるが、社会の生存のためには、その人間集団であるコミュニティが高い「自律」性を発揮し続けなければならない地域である。もしコミュニティの自律機能が弱体化すると、地域は急速に弱体化する。

日本の農村は、人間の生存の基本的条件としての「衣食住」のほぼ全てを自給するポテンシャルをもつ地域である。しかしながら、このポテンシャルを生活や農林業ための資源として発現させるためには、地域を構成する諸要素が適切な関係性を保っていなければならない。地域要素間に適切な関係性を築き、これを保全しつつ利用する主体は人間集団であり、農林業は農村における主体としての人間集団の代表的な営為であった。個人がそれぞれに孤立して労働することによっては農林業や生活が成立せず、人間同士の協働によって初めて農村における生活が持続可能となった。

とりわけ日本においては、温暖で雨量の多い気候にあって、自然の動植物の繁殖・活動は活発で、近年の「獣害」被害の急増に見られるように、野生動植物との絶えざるせめぎあいの中で初めて、人間社会の空間が安全に維持され、自然との共生バランスが保たれるのである。すなわち農村地域は、人間が互いに関係して社会システムを形成し、周囲の自然環境との相互作用を一定の秩序の下に繰り返す、一つの有機的総合体なのであり、地域を構成する諸要素間の有機的連関が持続する限りにおいて、地域の経済・生活を持続的に維持できたのである。

しかし高度経済成長とグローバライゼーションは、農村地域に大きな影響を及ぼした。それまでの地域要素間の有機的連関は次々に切断され、有機的総合体としての地域システムが解体され、不安定・非持続型の近代的地域システムへと変化したのである。これが、現在の農山村の疲弊、機能障害の本質的要因であり、農山村の再生を図るためには、外部条件の変化に対応しつつ、地域要素間の関係性を改めて構築しなければならないのである。ただし、再生すべき関係性を、二十世紀以前のそれに深く学びつつなされねばならないことはいうまでもないが、まったく同じものを復活させることは非現実的であろう。近・現代がさまざまな苦悩を経て築き上げてきた民主主義的社会規範を継承するとともに、科学技術の選択的適用とその改良によって、環境を保全しながらある程度の生産性のもとに安定的に持続可能な二十一世紀型地域システムの構築へと進まなければならないのではないだろうか。

農山村地域固有の経済社会システムとその建て直し

農山村の社会生活の特徴は、上で述べたように「自立性」にあり、その運営主体としてのコミュニティの特質は「自律性」にある。都市型経済システムの影響が国土の隅々にまで及ぶようになると、農山村のこうした特質は忘れ去られ、農山村においても都市型の生活スタイルを求めようとする傾向が強まる。しかしながら、これは幻想に過ぎないことが明らかになりつつある。農山村固有の経済・生活スタイルを全て放棄しては、資本と労働の集積の著しい都市との地域間競争に耐えられないことは、この間の状況がよく示している。

農水省の統計によれば、現在農業と工業間に二倍から三倍に及ぶ賃金水準格差が形成されている。農業の場合には、同じ時間を働いても工業と同等な所得が得られないばかりか、農業生産には季節性があるから、農業生産だけでは十分な所得を獲得することは困難なのである。

そこでこれを家計としてカバーするには、

①自給できるものは可能な限り自給し、また近隣間で農作物などを贈与し合うこと

②生産物一単位あたりの商品価格（付加価値）の高い作物を栽培すること
③栽培、加工、流通を統合した事業（六次産業などと言われる）を展開すること
④再生可能エネルギーの生産・利用を展開すること
⑤作物の残滓の有効活用を含む地域資源のカスケード利用に努めること
⑥農村の自然、景観、農業、文化などを活用できるグリーンツーリズムを展開すること

などが図られねばならない。

中山間地域における自然空間と伝統文化の優位性を考慮すれば、①はきわめて重要なウエイトをもつ。それは、単に、大都市市場を経由して農村地域まで届く間に、品質は低下するにもかかわらず、輸送コストと中間マージンで約3倍に上昇した価格の農作物をわざわざ購入しなければならない不合理だけではない。食料他の生活用品を生産する自給的労働が意味をもつのは、その生産労働のプロセスが、伝統的な地域文化を継承しつつ、自然との直接的接触の下で遂行されることの優位性、すなわち大自然のもとでの労働と暮らしに、健康的・文化的な喜びを感じられるというところにも、見出すことができるだろう。したがって、①は可能な限り農村生活者の経済活動のベースに置くべきものである。さらには、温暖化等の地球環境危機への貢献意識も、農村生活ならではの誇りを醸成するものでもあろう。いずれにせよ、①～⑥が、地域の実情に合わせて多様かつ旺盛に展開されることが求められるのである。

このように中山間地域には、都市とは異なる農山村流の経済システムが求められ、農山村流の社会システムが形成・運営されなければならない。中山間地域のもつ豊かな地域資源のストックと自然の物質・エネルギーフローに依拠する「自立ポテンシャル」こそが、巨大な人工的な資本ストックと商品・貨幣のフローに依存する都市型経済・生活システムに対抗して、中山間地域のアイデンティティ、優位性を主張できる根拠であり、市場経済システムにはない人間・自然共生経済システムとでも呼ぶべき農山村特有の生命系の経済システムなのである。具体的には、①に示した自給経済と隣人間の「おすそ分け」に代表される共同経済を基礎構造に据えて、その上に市場経済・公共経済を載せるという図式である（図1－1）。二十世紀後半の時代には、これが逆転したところに、中山間地域の急激な衰退が起こったと言ってさしつかえない。このことへの理解なしには、中山間地域の再生はなし得ないだろう。その上で付加価

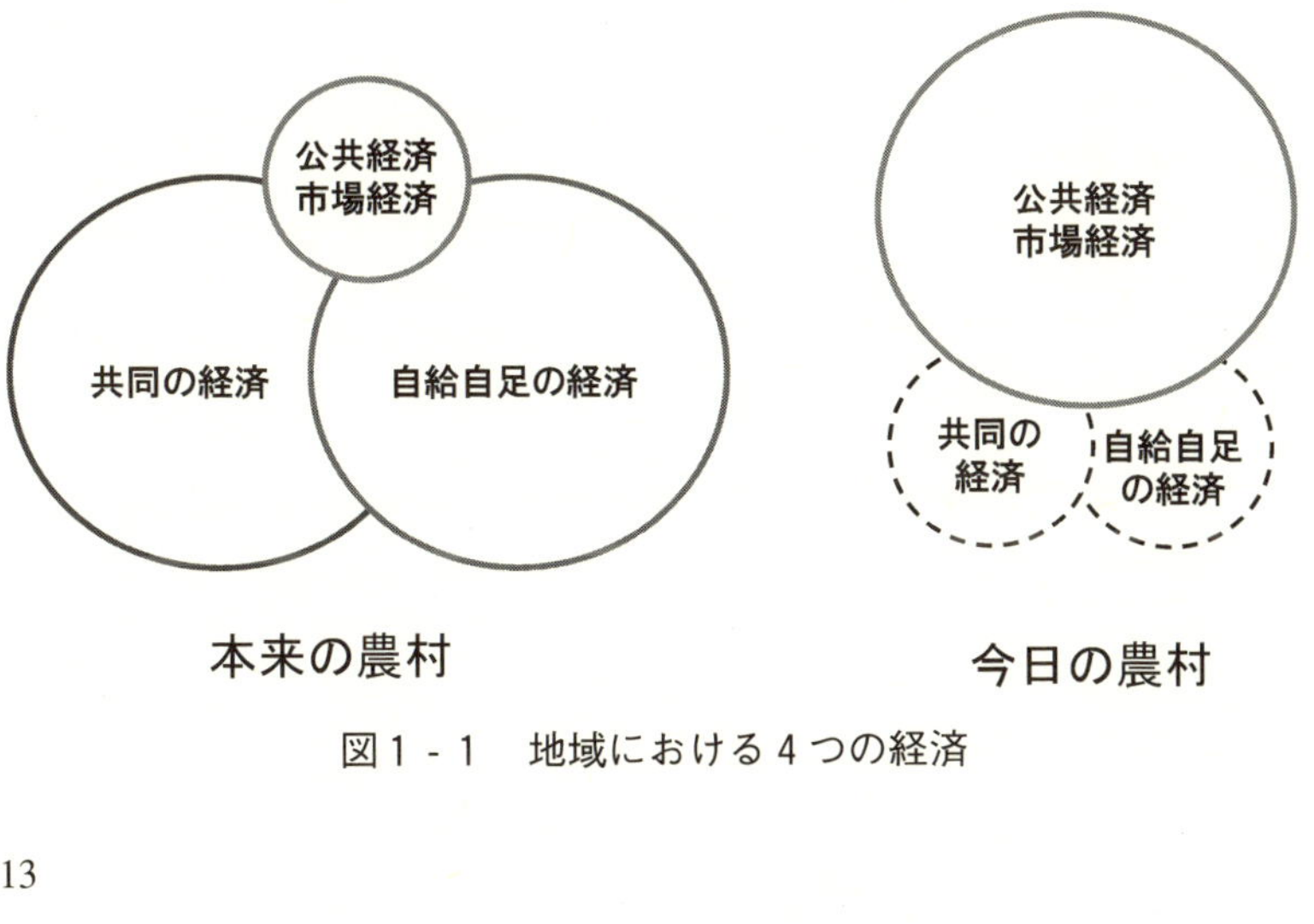

図1－1　地域における4つの経済

値の高い地域ブランド商品の開発や、多角的な地域経済の経営が必要になる。

こうした状況の建て直しには、どのような手立てが必要なのであろうか。中山間地域衰退にかかる外部と内部の両要因への対策が必要であるが(注2)、ここでは内部要因に着目して「内発的活性化」の条件形成について論じておきたい。

(注2) もとより外部要因に関する検討が重要なことは論を待たない。食料輸出国や多国籍企業の新自由主義的世界市場戦略とそれを後押しするWTO体制やFTA(自由貿易協定)の問題点、これに十分には対応できていない日本の外交・貿易・農業政策をも大いに指摘し、対案を示さなければならない。しかし、昭和一桁生まれ世代が農業、農村からリタイアするこれから五~一〇年という短・中期の中山間地域における再活性化対策や行動指針を検討するためには、外部からのインパクトに抗して内発的な発展を可能にする道を探ることが、緊急に求められているのである。そのためには、価値観、経済のしくみ、地域の行政組織の対応のあり方、外部からの支援のあり方などについて総合的に検討しなければならないが、紙幅の都合から、ここでは地域マネジメントのあり方とNPOに絞って論じておこう。

一九六〇年代以前の農山村の伝統的地域社会システムにおいては、地域に豊富に存在する地域資源を余すところなく活用する農山村固有の経済社会システムがつくられていた。そのポイントは、こうした経済社会システムが定常的に運営するための、「住民組織」と「地域リーダー」の再生産のメカニズム

《コラム》　現存する農村共同体の機能を見直す

「都市部では当然であるがすでに農村においても、高度経済成長期を通じて、伝統的な共同体は崩壊してしまっている」というのが通説である。しかし現代においても伝統的地域社会システムの片鱗を示す農村集落が少なからず存在するので、紹介しておこう。滋賀県甲良町の北落集落内には、現在もなお二六にのぼる住民組織が存在する。また地域リーダーの一種の育成プログラムも存在し、子供会などの組織運営や行事の開催に児童らを参加させ、子供のころからリーダー資質の獲得を支援してきた。成年後も、消防団や寺守などの住民組織の役員に順次就任し、次第に地域運営のノウハウを学んでリーダーとしての資質を身につけ、さらに地域運営に有利な人脈を拡大していく。また同集落では若者が減少することに伴い青年団をはじめいくつかの住民組織の機能不全が起きたが、これらの組織が担っていた機能を他の組織に代替させるか、新たな組織を設立することによって、この危機を乗り越えてきている。地域の自治は、こうした住民が日常的に多様な場面で協働できる住民組織に基礎的に担われている。また、とりわけ甲良町において特筆されるのは、現代的地域課題に対応して「村づくり委員会」を創設したことである。「村づくり委員会」は、農村集落における従来型の「伝統行事継承型」の住民組織と異なって、「問題発見・解決型」の住民組織である。また、現存する集落課題を取り上げて討議し、その解決に向けて行動を企画し、既存の住民組織を動員するなどして、その実現に向けて事業運営する企画・コーディネート型の住民組織である。こうした組織の登場は、ともすれば保守的になりかねない農村地域の自治に「革新」の新風を送り込み、コミュニティの新陳代謝を確保し、社会環境の変化を乗り越えるべく、地域の自律機能の維持に寄与しているのである。

兵庫県南淡路市南淡町阿万塩屋集落でも二八の住民組織が活動している。南淡町で特筆されることは、集落内の農業生産活動と集落運営組織運営の長を、それぞれ四〇代、五〇代初頭の男性が務める慣わしとしていることである。このことによって、若手の智恵とエネルギーが住民活動に反映されるとともに、集落人口の老齢化を防ぐ手立てともなっている。ここでも地域リーダーを目的意識的に育成するメカニズムが存在するといってよいだろう（乳深・千賀、二〇〇五）。

である（コラム参照）。

コラムに示した甲良町や南淡町の事例は、地域運営の自律性を維持するには、住民自治の基礎集団たる住民組織の維持とその柔軟な運営、目的意識的なリーダー育成を含む人事ポリシーが有効であることを示している。しかし伝統的な地域システムが、つねにこのような柔軟な組織・人事ポリシーを有していたわけでは必ずしもないであろう。集落のリーダーを長年にわたって同一人物が占め、リーダーの新陳代謝に乏しく、これが地域運営の硬直化を招くなどして若手のリーダーが育たない要因ともなり、地域の若年人口が流出するという悪循環をもたらしている例も多いであろう。伝統社会には、封建性、不平等、格差、差別、閉鎖性などの社会的マイナス要因も存在し、女性や若年者の自由な発想や自発的な活動を抑制する傾向の強い社会であったことも事実である。ここに紹介した両集落は、民主的な手続きによりリーダー層の交代が円滑に行われているが、一つ間違えば、恣意的な“派閥人事”などとなって集落内に対立構造を生む要因となりかねないのは確かである。

現代社会が、伝統的社会に内在した封建性等の負の側面を克服しつつ形成されてきた側面があるが、地縁、血縁関係が強い社会においてはその克服が十分でない地域もある。また逆に、こうした負の側面を克服した現代社会においても、都市化の「行き過ぎ」から親密な人間関係が失われることでコミュニティの正の側面をも失いつつある。さらには国や県から補助金や公共事業を導入することのみに腐心するタイプの地域代表としての政治家の〝活躍〟が、地域社会から自律性を抜き取り、強度の依存体質に染まってしまった地域も少なくない。

いずれにしても有機的総合体として自立型の地域システムを形成できずに、深刻な社会的病理現象を引き起こしている地域が多いのである。地域経済の再構成を図るうえでも、ここで述べた集落自治の社会的基盤としての住民組織や地域リーダー育成メカニズムといった、社会構造的な視点が欠かせないことを強調しておきたい。そしてこの場合、各集落に現存する各種の住民組織への配慮がまずもって求められるのである。

新たな地域システムの構築とＮＰＯの役割

農村の過疎化、老齢化は「雪だるま的」に進行している。すでに述べたように現在の中山間地域の農業担い手の主力はいわゆる「昭和一桁生まれ世代」であり、今後一〇年間でこの世代のほとんどが農業からリタイアすると考えられる。

次に定年退職者として農村に還流することが期待される世代は、「昭和一桁生まれ世代」より一五歳から二〇歳下の「団塊の世代」（一九四七～一九四九年生まれ、二〇〇七年時点で五八～六十歳）であるが、この世代（とくに「妻」）の多くは大都会での生活に長年なじんでおり、農村に移住して農業に従事するにはかなり抵抗がある。

したがって、自然発生的に大量に農村移住・農業就業を期待することはできず、放置すれば中山間地域の現在の地域リーダーと地域の住民組織は次々に姿を消すことは覚悟しなければならない。農山村地域の崩壊とそれによる他地域への影響を防止することは、各地域における目的意識的な取り組みなしには、きわめて困難であると考えられる。このための目的意識的な方向性には四つある。

第一に交流人口を増やすこと、第二に定住人口を増やすこと、第三に少人口で農山村の運営が可能な方策を講じること。第四に農地の還林や集落閉鎖を含む「撤退戦略」を正しく企画し実行することである。おそらく、この四つの施策が地域によって重点を変えながら採用されて実行されていくことになるが、それぞれの計画的な実施に関する検討が現場で緒についているとはいえない。

中山間地域の再生にとって、以上述べてきたことを踏まえると、新たな地域経済社会システムの設計の要点は次のように整理できる。

①新たな地域システムの構想・企画・実施をマネジメントするしくみの構築
②地域住民と都市住民とが「地域を共有」できるしくみの構築
③地域の資源（自然・景観、生活・文化）を保全・活用するしくみの構築
④地域に「人材」「資源」「技術」を補充するしくみの構築

⑤各種地域事業の計画・実施・評価・計画更新のフィードバックのしくみの構築

中山間地域は、老齢化・過疎化が進み、「内発的発展」に支援の手が必要な状態になっている。しかし、支援の手が適切に入るならば、まだ十分に再生・再活性化のポテンシャルがあることは、各地の実践が示すところである。地元の住民（土の人）と外来の人（風の人）との共同である。

この場合、近年社会的認知が進んでいるＮＰＯ（英語のNon Profit Organization、非営利組織と訳される。日本では「特定非営利活動法人」を通称ＮＰＯと呼ぶ）が重要な役割を果たすと期待される。ここでＮＰＯに期待される機能を整理すれば、次のようになろう。

①事業全体のコーディネート支援
②都市農村交流の条件整備
③資源保全事業の企画・運営
④コミュニティビジネス事業の企画・運営
⑤各種専門家の導入
⑥外部評価委員会の運営

これら各項に関する解説は紙数の関係で別項に譲るし、また本書の後章から読み取っていただきたいと思うが、要は高いミッションを掲げ、十分な謙虚さと多様な能力のある人材を擁するＮＰＯが中山間地域に関わる、ないしは当該地域に設立されることは、この地域が抱える危急かつ長期の課題に対する有力な解決要因となるにちがいない。

ただしこの場合でも、地域が長期にわたって培ってきた二次的自然や伝統文化はもちろんのこと、すでに述べたように農村固有の自治の基礎的社会基盤としての住民組織や地域リーダー育成メカニズムなどに留意し、さらに必ずしも顕在化していない日常的な「暮らし」そのものに埋め込まれている文化的価値に、十分な敬意を払い、そこから学ぶ姿勢を堅持し、都会化した多くの市民生活が捨て去った人類の叡智を継承することが求められるのである。

【文献】

乳深真美・千賀裕太郎「住民主体の村づくりの計画・実践における集落内諸集団の体制と機能に関する研究—滋賀県甲良町北洛集落を事例として」農村計画学会論文集、二〇〇三

第2章　現代地域におけるＮＰＯの機能と役割

白石克孝（龍谷大学）

非営利非政府組織論の現代的動向

はじめにＮＰＯとは何かを考えてみよう。ＮＰＯとはもともとはアメリカで使われている用語で、「Non Profit Organization」すなわち非営利組織の略称である。自らの目的や存在のあり方を「非」という打ち消しの用語で、営利組織ではないと定義していることになる。ほかに非政府組織（Non Governmental Organization＝ＮＧＯ）という用語があるが、これもまた同様に政府ではないという形で自らの説明をしている。世界で注目されているのは、このＮＰＯでもありＮＧＯでもある組織、つまり「非営利で非政府（＝民間）の組織」が発展しているという状況なのである。

非営利・非政府組織の法人としての形態はさまざまであり、たとえばＥＵでの非営利非政府組織の定義である社会的経済というとらえ方では、協同組合や共済組合といった組織形態も非営利・非政府組織として認知されている。EUの定義を借りれば日本の農業協同組合、漁業協同組合、森林組合もまた非営利・非政府組織となるのである。

これに対して、アメリカでNPOとして税法（内国歳入法典）で認めているものには、協同組合や共済組合は入ってこない。所得の減免税を受けるための公益性とは、組合員に限るのではなく不特定多数の人々が対象とされなくてはならない。また出資者への「利潤」の再配分と見なされるようなしくみも非営利性にそぐわないとされている。

ところが近年、この二つの流れにある種の収斂傾向が見られるようになってきた。従来その非営利性とボランタリズム、あるいはアドヴォカシー活動が強調されてきた非営利組織については、事業の継続性が強調され、また雇用関係の導入が図られるようになってきた。いわゆる事業型NPOの広がりである。他方において、これまでは組合員の共益を志向して事業活動を展開してきた協同組合のなかで、より普遍的な公共性を追求することを目指す団体が拡大してきた。このことを象徴するのが、一九九五年に国際協同組合連盟がその活動原則の中に「コミュニティへの奉仕」を掲げたことである。

一九九〇年代の後半には、コミュニティに焦点をあてた新たな事業主体ないしそのアイディアが登場し、広がりを見せるようになった。EU欧州委員会で用いられ日本でも議論が広がり始めている社会的企業や、日本では早い段階から話題となったコミュニティビジネス、あるいは社会的起業家といったアプローチも同様に日本での適用可能性を探る議論が積み重ねられている。

こうした新しい事業主体の模索は新しい法人形態の出現につながっている。日本においても、イギリスにならって、二〇〇五年に日本版ＬＬＰ（Limited Liability Partnership）である有限責任事業組合が制度化された。個人や組織がジョイントして事業を行う場合に適した組織形態としてこれから注目が高まるであろう。また二〇〇六年の会社法改正によって、株式会社への規制が緩やかになるとともに、米国にならって、日本版ＬＬＣ（Limited Liability Company）である合同会社が制度化された。会社法改正によって事業型ＮＰＯや社会的企業を目指している起業者が株式会社や合同会社を選択する可能性も広がった。これに二〇〇六年の民法の改正を含む公益法人改革三法（二〇〇八年までに施行）で示された公益社団法人、一般公益法人を加えれば、非営利的な事業を実施する際の法人の選択肢は大きく変化しているのである。

このように広義の意味での非営利民間組織が事業を展開しやすいような法人環境の整備は、非営利非政府組織による社会が抱える課題や問題に対する解決能力への期待がいっそう高まっていることを示している。

現代地域におけるＮＰＯの機能と役割

ここで論じたいのは、事業型非営利非政府組織が多様な法人形態をとって発展していこうとしている現段階において、ＮＰＯのメリットをどこに求めることができるのかということである。

まず、ＮＰＯがもっとも日本の人々に認知された名称であることに特別のアドバンテージを認めねばならないだろう。ＮＰＯが法人格を獲得するまでにどれだけ多くの市民の運動があったか、そこまでの道のりがいかに険しかったかを想起してほしい。ＮＰＯが日本の市民運動の歴史的獲得物であると考えれば、ＮＰＯ法人（正式には特定非営利活動法人）になることを市民性の証として理解する人がいるのは当然である。

それでは実際上のＮＰＯのメリットはどこに求めたらいいのか。それはＮＰＯが協働（パートナーシップ）の担い手となる、さらにはさまざまなパートナーの結び手となるのにもっとも適していることにある。ＮＰＯの多くが公益性と公共性を備えたミッションを掲げており、また行政や人々もそのように受けとめている。協同組合は組合員の組織であることに変わりはないし、有限責任中間法人や有限責任事業組合はまだ十分に認知されているとはいえない。非営利を掲げた会社法人というのもみなに理解されるには今しばらく時間がかかるであろう。改正民法が施行されていけば今後変化していくことはあり得るが、現時点ではＮＰＯという法人格が行政を巻き込んだ協働型事業をもっとも展開しやすい非営利民間の組織形態だといえる。

協働という課題解決のアプローチは、日本においては行政とＮＰＯの二者間協働として受けとめられる傾向がある。日本の多くのＮＰＯは、行政との協働は意識したとしても、地域コミュニティや伝統的な地縁的地域組織との協働に寄せる関心が低い傾向にある。また行政にありがちな失敗であるが、具体的な課題の解決を意図するのではなく、協働型事業に取り組むことが必要というとらえ方から入った事業の多くは、限定的な成果しか上げていない。

本ブックレットで紹介する三ＮＰＯの事例は、さまざまなパートナーとの連携、地域コミュニティとの連携という点で、共通点をもっている。また一つの活動が次々と多様な活動や担い手を生み出していることも共通している点である。

こうしためざましい成果の秘密は、具体的な課題や問題の解決を新たな価値創造へとつながるような方法でなしとげようとしたことにあると考える。その結果として、行政、ＮＰＯ、企業、コミュニティ組織が多様に参加するようなマルチパートナー（多者協議）型の協働が展開しているのである。ＮＰＯが牽引役となって進んでいくマルチパートナーシップ型の協働は、行政のタテ割の弊害を現場レベルで乗り越えるという大きなメリットをもっている。中山間地域の抱える困難の複合性と深刻さを考えれば、多様な事業を発展させるマルチパートナー型アプローチがその再生には欠かすことができない。

また新たな価値創造へと結びつくようなイノベーティブな課題解決アプローチとなるには、NPOが人々の参加（関与）と地域再生とをうまく結びつけることができるかが鍵となる。そこで成功することで、社会的なインパクトが大きく、その成果がさまざまな人々や組織体に増殖的に波及し、地域社会のエネルギーが増大していくような取り組みとなっていく。

しかしながら、人々の参加と地域再生の事業を両立させることは決して簡単なことではない。NPOが陥りやすい失敗は、NPOが事業型になりすぎて準営利組織化してしまうか、行政からの資金導入を重視しすぎて準政府組織化してしまうことである。どちらの場合も人々の参加の意義が弱まり、NPOのスタッフはいわゆる「専門家」によってその多くを占められるようになる。

アメリカの都市部のコミュニティ開発において大きな役割を果たしてきたNPOであるコミュニティ開発法人（CDC）は、一九九〇年代の初めには人々の参加とコミュニティ事業との両立に失敗しているのではないかという批判にさらされた。イタリアで社会的企業として活躍している社会的協同組合の調査では、設立当初に比してボランティアスタッフの比重が大きく低下していると報告されている。こうした兆候は、非営利非政府組織の特質である社会的インパクトが失われている可能性を示唆している。私が取材した諸外国のいくつかの非営利非政府組織の破綻事例では、事業性を発展させることに傾斜した結果として準営利組織化あるいは準政府組織化してしまい、ある段階から急速に組織としての活力を失っていったことが破綻の導因となっていた。

指定管理者制度、さらには市場化テストと、相次ぐ地方自治体のダウンサイジングを掲げた行革政策の導入は、ここしばらくはＮＰＯが地域における事業主体として発展する契機を与えるであろう。しかしこうした潮流は同時に、ＮＰＯに対する準営利組織化、準政府組織化の圧力として働く。「安上がり」の事業体としてＮＰＯが捉えられてしまう危険性、人々の参加を促す役割をＮＰＯ自身が忘れてしまう危険性、こうした危険性を認識することが重要である。

中山間地域の抱える困難とＮＰＯ

人々の「暮らしの成立」を持続的に確保するという「地域の生存」を考えるとき、地域が一つのシステムとして機能しているかどうかが問題になる。地域システムを構成する三大要素である経済サブシステム、社会サブシステム、政治・行政サブシステムが有機的に結合した状態であれば、地域は一つのシステムとして機能し、存続していることになる。この地域システムが、地域の生態系や自然環境を破壊したりするのではなく、相互依存関係あるいは共生関係にあるときに、この地域システムは持続可能な地域システムとなる。

戦後の日本では、いわゆるエネルギー革命による薪炭の必需性の減退がもたらされるまでは、曲がりなりにも中山間地域の地域システムは機能を果たしていた。しかし、その後の高度成長がもたらした都市部への人口集中、大量生産大量消費型の生活スタイルの広がり、円高とグローバリゼーションによる基幹的産業の競争力減退は、多くの中山間地において地域システムの危機をもたらすこととなった。

中山間地域の地域システム維持と再構築の試みは、もっぱら行政によって農村生活の発展と農業生産性の向上をめざした基盤整備のための公共事業を通じて実施されてきた。これは財政を通じての地域間の所得再配分政策の意味合いももっていた。その結果として、中山間地域の地域システムにおいては、政治・行政サブシステムの肥大によって三つのサブシステム間のアンバランスが拡大していった。

こうした中山間地域の近代化は、山や森、湖沼、川や海辺の生態系と自然環境、そして景観維持においてこれまでの相互依存関係にあった社会サブシステムと経済サブシステムのあり方を大きく変えていった。中山間地域の地域システムは地域の生態系と自然環境を維持していくメカニズムを失っていったのである。

それに並行して、農産品の商品としての付加価値を高めるために導入されたハウス栽培などのエネルギー多消費型の耕作方法、農薬と化学肥料の大量の使用、農業の機械化、そして大量生産大量消費型の消費生活とモータリゼーションにより、中山間地域が環境負荷の増大や温室効果ガスの発生において

「原因者」の一端を担うといった事態が進んでいった。

地域システムの再構築と地域生態系と自然環境の再生・保全という視点からみたとき、中山間地の課題の解決のためには次の二点が必要になる。第一には、生活の質（豊かさ）をはかるものさしを替えることである。そして第二には、経済サブシステム、社会サブシステム、政治・行政サブシステムのそれぞれを地域の生態系と自然環境の保全を志向するように再構築し、持続可能な社会システムを追求することである。

これからの地域の生活の質は経済的指標だけでなく多様な指標ではかることが欠かせない。安定した安全な社会やコミュニティそのものの再生産という課題、地域の歴史や伝統を継承するしくみ、地域における人々や諸組織の地域社会のネットワーク（結びつき）の再構築と発展、高齢者や地域外からの出身者が地域社会から疎外されないような地域のあり方など、こうした社会的な諸目標を包摂した指標で中山間地域の生活の質をはかってみるならば、中山間地の地域システムのもっとも深刻な危機は、実は社会サブシステムの維持メカニズムの崩壊にあることに気がつく。

このような認識に立ったとき、中山間地域の「地域の生存」のための政策は、政府や自治体の政策に依存したり、市場経済での勝ち組となるべく経済開発に傾斜したりする、従来の地域政策の発想法を転換することへとたどり着く。中山間地域の地域課題の解決を「経済と雇用の拡大」→「人口減の歯止め」

→「その他の地域課題」という順に描くのではなく、「地域の社会的文化的課題への取り組み」と「地域の環境保全・再生」→「地域での連携」と「行政のしくみの転換」→「地域経済の持続性の獲得」→「地域システムの再構築」と「地域の空間的維持可能性の追求」という順に転換の道筋を描くことが、遠回りのようでむしろ現実的なアプローチであろう。

ＮＰＯの活動はこうした転換が可能であることを示している。突き詰めていうならば、現代地域におけるＮＰＯの機能と役割は、社会サブシステムの再構築を実際に担うことで、そして地域の生態系と自然環境の保全・快復の方向性を示すことで、持続可能な社会システムが実現可能であることを人々に得心させることにあるのではないだろうか。

第３章　農業・農村とＮＰＯ

柏　雅之（茨城大学）

はじめに　―農村・農業問題とＮＰＯ

ＮＰＯとは、市民による自由で自発的な社会貢献活動のための、加入・脱退・発言の自由が保証された組織である。そこでは特定の社会的ミッションの存在と公益の追求が重要なポイントとなる。その点で共益をめざす協同組合とも性格は異なる。そしてこれは市民社会の成熟を背景とし、またそれを促進する働きをもつものである。また、ＮＰＯを構成する市民社会組織と、共同体との関係で見るならば、山口定の論ずるように、共同体はコミュニティなどの「運命共同体」と「選択による共同体」（アソシエーションを土台に発生したもの）に分けられ、前者は市民社会組織に該当しないことになる（山口、二〇〇四）。こうした点は、農村問題とＮＰＯを論ずるときに問題となるところである。

次に農業問題とNPOとの関連で問題となるのは、農業が営利事業か公益事業かというものである。「産業としての農業」と割り切れないところに論点が生ずる。

農業生産部門とNPO

現代日本の農業生産部門を担う受け皿としてNPOがふさわしいか否かという論点に関しては、上述のように営農活動の営利性か非営利性かが問題となる。こうしたなかで秋山邦裕は面白い提起を行っている（秋山、二〇〇四）。彼は、「わが国の土地利用型農業は非営利事業の領域に押し込まれようとしている」という実態認識をもとに、昨今の農政改革が掲げる「望ましい構造展望」を提示し続けることは欺瞞だと断ずる。こうしたなかで、「市民参加型の開放系農業システム」への転換こそが「望ましい（農業構造」とする。そこでは「農業に従事する消費・農業者（プロシューマー）という新たな担い手形態」をベースとした市民参加型農業生産法人などの可能性を高く評価する。そして「（非営利とならざるを得ない）土地利用型経営は『非営利』事業・組織との連携が不可欠」と述べる。ここでの「非営利組織」とは、NPO法人や生協などの協同組合をあげている。

前述のように、NPOは市民による自由な社会貢献活動のための組織である。今田忠が指摘するように、農業に公益性があることは異論なしとしても、社会貢献活動かと問われると疑問を禁じえないとするという見解は、農業の営利性を否定し得ないところからくる（今田、二〇〇四）。しかし、秋山が論ずるように、日本の土地利用型農業を非営利事業と断ずるならば、農業生産活動におけるＮＰＯの意義が浮上する。

ここで私の見解を述べる。市場経済の下で、そもそも日本のみならずヨーロッパの場合も土地利用型農業は原則的に言えば営利事業として自立はしてこなかった。手厚い価格政策や事実上の国境障壁の存在があってはじめてその枠内で営利性が見いだせる（ヨーロッパ）、あるいは見いだせる可能性があった（日本）のである。その政策的枠組みがなければ、両者とも非営利事業と言わざるを得なかった。そして、ガット・ウルグアイラウンド農業合意からＷＴＯ体制へ移行するなかで、ヨーロッパでは価格支持政策の後退を行うものの、その代替として直接所得補償政策を導入した（マクシャリー改革）。日本の場合もそれに遅れること十数年にして、ようやく品目横断型直接支払いが導入されることとなった。秋山氏の主張は、こうした政策的枠組みを離れたところでの私経済的見解の枠に閉じ込もったものである。もっとも、従来の価格政策に替わる政策としての同上直接支払いの存在をもって、日本の土地利用型農業が営利事業の枠内に戻れるかというと、私はそうは思わない。担い手にターゲットを絞った同上支払い政策でどの程度の土地利用型農業が面的に営利事業の範囲に留まり得るかというと非常に厳しいことは明らかだと思われる。近代化した、あるいはしようとする一定の要件を満たした集落営農への支払いが認められたことは光明であるが、体力の弱体化した日本農村においてそれがどの程度の実効性をもち得るかについては大きな疑問を抱かざるを得ない。しかし重要なことは、まずは私経済的議論の前提となる農業政策（経営政策）の再改革のあり方を粘り強く追求することではないか。秋山氏の断定は、WTO体制下での不十分きわまりない農業政策のあり方を「固定化」した前提でなされたものといえよう。そもそも農業政策の存在なくして私経済的に自立した営利事業体が成立する余地は日本にもヨーロッパにもないのである。

実効性ある農業政策の枠組みが再構築（再農政改革）されたとするならば、どの程度、私経済的に営利事業の領域に残り得るのか。その条件は何か。しかし、どのような農業政策を再構築しても、農家・農村高齢化や条件不利地域などの存在を考量すると、相当多くの非営利事業領域がでてこざるを得ないことも明らかといえよう。そうした領域こそが、公益性（農業の多面的機能）はもつものの非営利とならざるを得ないものである。そうした部分の営農行為あるいは環境・資源管理行為を担うことが、非営利組織の役割であり、公・民パートナーシップの領域である。

ここで「民」とは、まずNPOを含む民間非営利組織を意味するが、地場産業としての土建業の農業参入や農業生産法人でもよい。農業生産法人の場合、前述の秋山が指摘した市民出資型農業生産法人でもよいし、一般の農業生産法人が公・民パートナーシップを組む中で、費用分担しながら担ってもよい。

公・民パートナーシップのあり方は、地域実態や市民社会の動向に応じて静態的にも動態的にも多様さに富んでいることが望ましい。

農業関連領域でのＮＰＯの意義

土地利用型であっても農業生産部門そのものにＮＰＯをすぐに想定することには無理があることを述べてきた。しかし、以下の農業周辺領域において、ＮＰＯの役割は期待されるであろう。

第一は、農林業の多面的機能をめぐる問題領域においてである。棚田の保全活動、森林ボランティア活動、農業体験学習や都市・農村交流活動、水辺環境の整備など幅広い領域で多様なＮＰＯが活躍している（文献（４）参照）。

第二は、「食の安全」に関する領域である。典型例が有機認証に関わるＮＰＯである。改正ＪＡＳ法（二〇〇〇年）で登場した有機認証制度においては、農産物に「有機」を掲げるには農林水産省認可の登録認定機関（第三者機関）による審査やチェックが必要となった。法人格を問われない同機関は、ＮＰＯ法人が圧倒的に多く、ついで民法三四条の公益法人、民間会社、自治体などが名を連ねる。これに関連して、有機農業振興のための技術や資材供給を行うＮＰＯも見られるようになった。また、田淵直子は、環境保護などのミッションを掲げるＮＰＯは運動型の組織となり、また他の団体と連携して活動することの多いことを指摘し、その典型例として、生産者サイドと消費者サイドとの連携により実現した「遺伝子組み換え作物いらない運動」の展開を紹介している（田淵、二〇〇四）。

農村集落維持組織としてのNPO

農村社会・経済の維持をめざす農村振興型のNPOが近年みられるようになった。その典型例が、鳥取県智頭町の「NPO新田むらづくり運営委員会」である。過疎化・高齢化に悩む新田集落では、一九九四年の第一次から始まり現在の第三次に至るまで五か年総合計画が進行してきた。伝統文化伝承活動（「新田人形浄瑠璃芝居相生文楽」）、大阪の市民生協との連携と都市・農村交流事業、文化啓蒙運動（「新田カルチャー講座」）などに焦点をあてて、そのためのハード整備やソフト対策に邁進してきた。こうしたなか、平成の自治体大合併によって、中心部から離れた県境周辺の新田集落のような中山間部において行政サービスがきちんと供給されなくなることを懸念して、自らの手で「小さな自治体」をつくろうと考えた。その結果生まれたのが、地域マネジメント主体としての上記NPO法人である。二〇〇〇年一二月発足のこのNPOは集落全戸（一七戸）が加入する。地域の受け皿であるこのNPOと自治体との協働によって地域維持・振興を図ろうとするものである。

他方、NPOのリーダーである岡田一氏は、①高齢化による事業展開の限界、②後継者が育たないこと、③事業実施にあたっての意思決定の難しさとリーダーシップに関わる限界などの問題点を指摘している（岡田、二〇〇四）。農協につづく自治体の広域合併が中山間部の地区にもたらすマイナス要因は甚大である。こうしたなかでの新田集落の実践は注目されるべきであるが、同時に大きな限界に直面していることもわかる。

ここでは、こうした状況で新たな地域マネジメント主体を集落・地区レベルで構築する場合にＮＰＯ法人がふさわしいかについて考えてみる。社会的ミッション（地域維持）や非営利といった点では問題はない。しかし冒頭でも述べたように、コミュニティなど「運命共同体」の場合、ＮＰＯの主体となるオープンな市民社会組織とは言えない。また、公益よりむしろ共益をめざす非営利組織としてはＮＰＯは適当とは言えない。

次に地域振興を考える場合、その経済的側面であるコミュニティ・ビジネスをその活動範囲に入れることは自然である。その場合、ＮＰＯは資金調達の面、そして経営の意思決定、組織ガヴァナンスなどの面からみて必ずしも適当ではない。

京都府の少なからぬ中山間地域では、同じような問題を抱えるなかで、地区レベルで全戸出資型農業生産法人を立ち上げた。これらは生活サービスから農地管理・営農支援まで幅広い分野で自らのニーズを満たす有限会社あるいは農事組合法人である。地域維持というミッション、事業展開を図るうえでのフットワーク、多様な課題の総合的な解決、全戸出資というコミュニティ内での共益追求という視座で考えるならば、その受け皿としてはNPO法人よりも、むしろこうした法人形態が適しているともいえる。

しかしながら、より深い問題はそもそも地域レベルで地域維持のための総合的なサービスを供給する地域マネジメントのための法人格が、法の枠組みの中に存在しないところにある。地方自治法の認可地縁団体は不動産権利の保有に関わるものであり、上記目的にはまったく適さない。

中間支援組織としてのNPO

農業農村関係で近年新たに注目されているのが、中間支援団体ともいうべき性格のNPOである。ここでは、NPO法人「グリーンツーリズムとやま（以下、「GTとやま」と略す）」（富山県）と、同法人「都岐沙羅パートナーズセンター（以下、「都岐沙羅」と略す）」（新潟県）の事例を見ていく。

二〇〇四年設立のGTとやまは、元来、中山間地域をはじめとする県内一円の農村を視座にグリーンツーリズム（以下「GT」と略す）振興の促進やそのための調査研究を目的につくられた。三五名の正会員はGTに各種のノウハウをもつ中山間地域住民が中心である。七一の準会員は自治体職員を含む個人六九名と組織二団体からなる。代表は、県出身で全国的な広告会社のOBである。GTとやまは、廃校となった小学校を利用したＧＴ事業を自ら手がけるとともに、県との連携活動も行っている。

富山県は、中山間地域等直接支払制度の第二期対策に入る際に、①県内に四八ある集落協定未締結集落の解消、そして②段階的単価制になるため高単価を得られる集落協定の策定促進を課題に掲げた。そこでは複雑化する集落レベルでの事務手続きをサポートする必要があった。そして、県はこれらの現場レベルでの課題解決を、市町村自治体のみならずＧＴとやまに依頼したのである。

県がＧＴとやまに依頼したサポート内容は以下に示される。①集落協定の締結支援、②中山間地域等直接支払制度に関わる事務手続きの支援（集落協定書、農用地保全マップなどの作成支援）、③集落協定に基づく活動支援（都市・農村交流など）、④集落間の情報交換。

本来、市町村が行ってきたこうした支援をＮＰＯに依頼した理由は、市町村広域合併問題にある。広域合併による人員配置などに関わる合理化は、周辺部に位置する中山間部集落へのきめ細かな支援を困難にすると考えられる。この点からいえば、こうしたＮＰＯへの依頼は、旧市町村が行ってきた周辺部中山間集落への行政サービスをＮＰＯへアウトソーシングする意味をもつ。他方、ＧＴや農村振興に関する多様なノウハウをもつこうしたタイプのＮＰＯが中間支援組織として集落活性化の触媒機能を担うことは意義をもつ。

新潟県の都岐沙羅は、県北の岩舟地域を対象とした広域圏地域づくりのための中間支援組織として一九九九年に設立された。県との連携をもって、住民活動支援、起業家支援、地域通貨の管理運営などの事業を展開させている。住民、企業、行政とのパートナーシップにもとづき、三者間における多様なコーディネート、プランニング、調査などを行い、市民起業家やＮＰＯなどの支援をしている。行政とは県が中心であるが、市町村との連携も強化しつつある。

以上のように、公共サービスの供給システムの再検討が迫られているなかで、こうした中間支援組織的ＮＰＯの意義は大きくなるものと考えられる。

おわりに

わが国の農業・農村問題に関わるＮＰＯの意義と課題を述べてきた。本稿ではこれを、①農業生産領域、②農業関連領域、③農村維持領域、④中間支援組織的領域の四点に分けて考察した。こうしたなかでとくに今後急速に重要性を増すと考えられるのは、農業関連領域と中間支援組織的領域でのＮＰＯの活躍である。

他方で農業生産領域に関しては、主体としての他の選択肢の存在や、多面的機能保全に関わる部分では農業関連領域と重複する点で再検討が必要である。農村維持領域の場合は以下のようになろう。今後自治体広域合併などで、中山間部地区などに対する従来の公共サービス供給システムの変化が求められるなかで、新たな地域マネジメント主体の形成が急務となる。そこでは他の領域と同様に公・民パートナーシップ形成が必須であるとともに、すぐれたビジネスセンス・能力も必要である。そしてコミュニティという「運命共同体」への共益追求の受け皿として、開かれた市民社会組織を構成ベースとして公益を担うＮＰＯという法人格が適当か否かは再検討が必要である。そこでは「非営利型株式会社」などの可能性も含めた、地区レベルでの新たな法人格の検討が急がれるべきである。

【文献】

（１）山口定『市民社会論―歴史的遺産と新展開―』有斐閣、二〇〇四

（２）秋山邦裕「『基本計画の見直し』と農業経営に関する諸政策への提言」『食料・農業・農村基本計画の見直しと今後の農政展開』衆議院調査局、二〇〇四

（３）今田忠「急増するＮＰＯ法人―背景と課題―」『農業と経済・臨時増刊号』昭和堂、二〇〇四

（４）この領域に関する論文、著書等は実に多数あるが、たとえば山本信次編著『森林ボランティア論』日本林業調査会、二〇〇三、などを参照。

（５）田淵直子「農・食分野におけるＮＰＯの現状と可能性」『農業と経済・臨時増刊号』昭和堂、二〇〇四

（６）新田むらづくり運営委員会、岡田一「村の活性化への試み」『中山間地域の再生・創造に向けた地域運営主体の展開』（日・英地域セミナー・第一回兵庫自治学会地域セミナー資料）、二〇〇四

第４章　地域生存をかけたＮＰＯの活動

４－１　生存の様式としてのアサザプロジェクト　―制約から創造へ

飯島　博（ＮＰＯ法人アサザ基金）

生存に必要なのはしくみではなく様式である

霞ヶ浦再生をめざす市民型公共事業アサザプロジェクトについてはさまざまな分野で紹介をしてきたが、ここでは私がプロジェクトの中にあって、あるいはそれ以前から、考え続けてきたことについて述べたいと思う。「生存」という言葉に触発されたからである。

限界や制約を乗り越えて進歩発展するという近代化の文脈の中で、公害などの「行き過ぎ」を制御するための規制や制限、その他のしくみが社会的合意に基づいて設けられてきた。しかし、今日の地球環境問題は、「環境容量」という乗り越えることの不可能な限界や制約を私達に突き付けている。現代社会は限界や制約をどのようにして受け入れるのか。近代化の文脈とは異なる新たな文脈をどのようにつくり上げるのか。これらの問いへの答えが、都市や農村やすべての地域に求められている。

霞ヶ浦の現状は規制や制限による従来からの環境対策の限界を教えてくれる。水質汚濁や生態系の悪化が進む霞ヶ浦を再生に導くためには、社会システムの再構築につながる新たな文脈づくりが不可欠だ。しかし、規制や制限、あるいは個々の技術革新では、社会システムの再構築は起こらない。社会システムの再構築には、総合化が求められるからだ。既存の社会システムによって縦割り分断化された流域といった広大な空間（生態系）を、つながりをもった一つの空間として再構成するための総合化が、自然と共存する循環型社会の

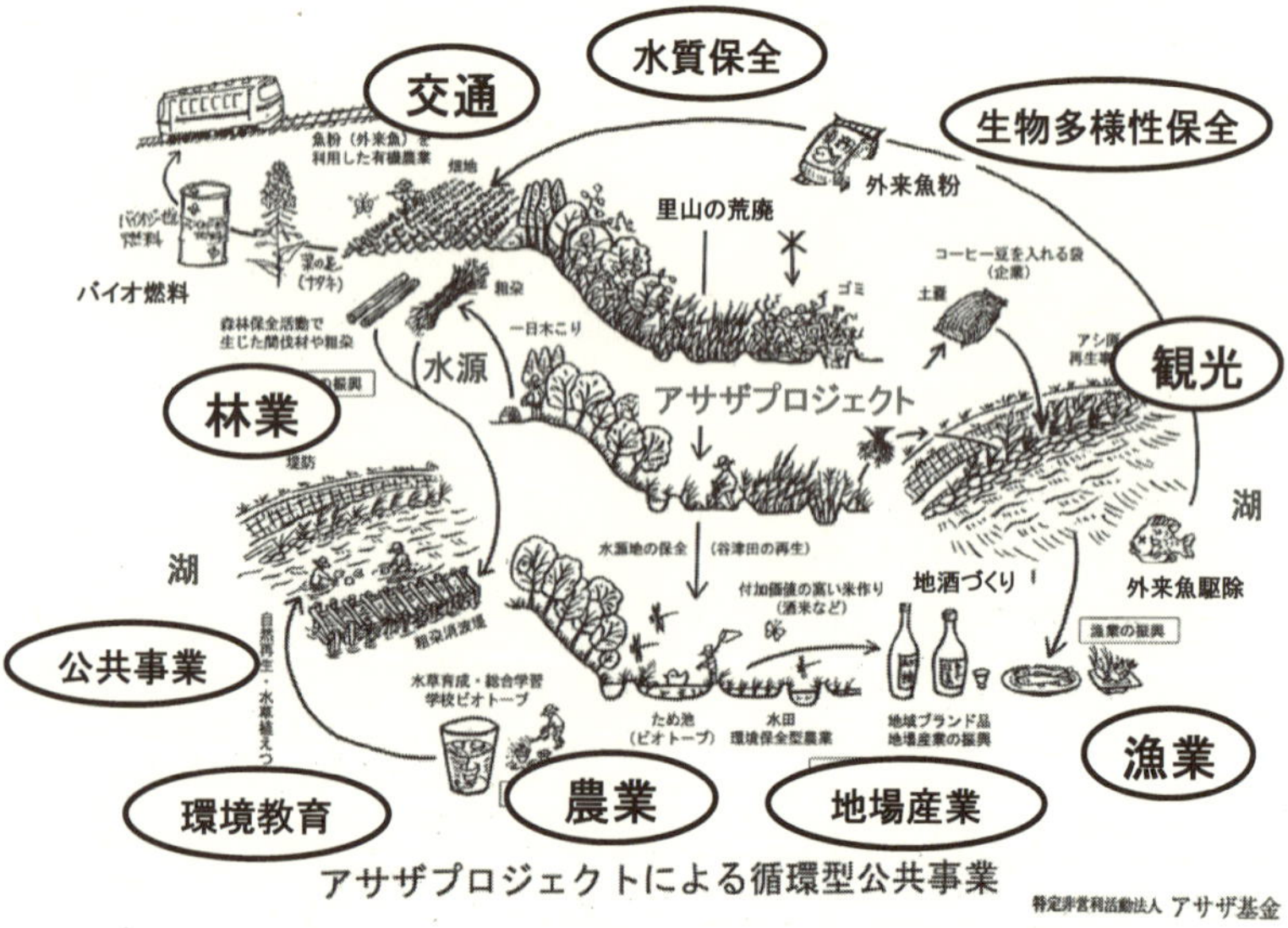

図４－１　総合化・自己完結しない事業　産業連関が上流下流を結ぶ

構築には必要となる（図４－１）。

私は、社会システムの再構築を創造的な取り組みとして捉えている。あらゆる創造は様式をもつことで始まる。芸術はその典型だ。社会システムの再構築は、環境問題によって明らかになった制約（限界）を、社会に新たな様式を生み出すための一つの枠組みとして捉えること（転換）から始まる。新たな様式とは自然との共存を通して、社会に新たな価値や意味や表現を、さらには新たな文脈を創造するための様式である。

私たちは分かれ道に立たされているのだと思う。創造的な生き方を選ぶのか否か。地球環境の悪化が予測されるなかで、私たちがその対応に創造性を欠き、従来どおりの環境対策に頼ることになれば規制や制限が増え続け、社会からは動きが失われ、いつかは統制社会へと向かわざるを得なくなるだろう。規制や制限は社会に固定化した枠組み（縦割り）を定着させ、ネットワークの生成を妨げる。同じく対応に創造性を欠き、制約を様式に転換することによって内部化することができず、手直しとしての規制に終始しながら近代化の文脈を突き進み、ついには破滅する可能性も大きい。

規制や制限以外の「しくみ」はどうだろうか。よく環境問題の解決に向けた「新たなしくみづくり」が議論されるが、環境問題をより深く生存というレベルで考えれば、求めるべきは「しくみ」ではなく「様式」であることが明らかである。なぜなら、「新たなしくみ」は近代化の文脈のなかにあるのに対して、「新たな様式」は創造的な取り組みを通して新たな文脈をつくり上げるからだ。様式は創造の足場となる。自然と共存するための価値や意味の創造に必要なのはしくみではなく様式だ。科学はしくみを解明することはできるかもしれないが、様式を生み出すことはできないと私は思う。同時に、科学や技術を社会に浸透させるために必要なものは、しくみではなく様式である。

生存とは、制約を規制や制限やしくみに読み替えるのではなく、新たな様式へと変換し続ける生のスパイラル（生成）を言うのではないか。私達はこのようなスパイラルを社会に生み出すことで、自然との共存という様式で自由と美を見出すことができるのではないか。ニーチェは芸術を生の形而上学と呼んだ。生態学的な制約（限界）を様式へと転換することで、創造的な営みを通して、文化の中に、一人ひとりの生き方の中に取り入れていくことはできるだろうか。私はそれを実現したいと考えている。なぜなら、自由と美を失った生存ほど悲惨なものはないからだ。

シナプス社会　―個々の人格が場として機能するネットワーク

様式を生み出すためには場が必要となる。霞ヶ浦再生をめざすアサザプロジェクトは社会に中心のない動的なネットワークをつくり上げることで、そのような場を脳内の神経細胞同士が無数の手を伸ばし連結するシナプスのように無数に生み出す試みである。社会も生態系も関係性の総体である。だから、ここで言う場とは、社会のどこかに設けられるものではない。ネットワークも場ではない。ネットワークは中心をもち、組織化されることで潜在性を失い展開しなくなる。要するに、社会を広く覆う動的なネットワークではなくなってしまう。私は個々の人格を場として捉えている。

アサザプロジェクトではネットワークの組織化（制御や管理）をしないことや、中心をもたないということは、力にはよらないという意味である。したがって、これは運動のネットワークではない。多様性をもった社会に投げ込まれた価値や意味が広がり展開することで生成するネットワークである。もちろん、そこには既存のネットワークの質的転換もあり得る。そのようなネットワークを構築するには、個々の人格を場として機能させることが不可欠だ。それは様式が生成する場であり、さまざまなものが出会う場である。

広域ネットワークの構築は霞ヶ浦再生の最も重要な課題である。なぜなら、霞ヶ浦という広大な地域（湖は二二〇平方キロメートル、流域はその約一〇倍、二八市町村）をどのようにして覆うのかが、取り組みの大きな鍵になるからだ。霞ヶ浦流域という生態系単位の空間を覆うネットワークを、私は自然のネットワークに重なり合う人的社会的ネットワークとしてイメージしている。生態系には中心はなく、自然の中に自己完結したものはない。だから、アサザプロジェクトでは、社会に中心のないネットワークを構築し、自己完結しない事業の展開をめざしている。従来の公共事業が中心のある自己完結型、ピラミッド型（力による固定化）であるのに対して、アサザプロジェクトがめざす市民型公共事業は中心のない循環型、ネットワーク型（力によらない展開）である。

しかし、それは縦割り専門分化した組織を否定するものではない。ただし、それらを中心から外し、ネットワークの中に位置づけ、ネットワークの一員として機能させるという発想である。アサザプロジェクトには、行政や学校、企業、農林水産業、市民団体、研究機関などさまざまな組織や個人が参加しているが、それらはすべて具体的な事業を通して結び付いている。つまり、地域に自然のネットワークや循環に重なり合う人やモノや金の動きをつくり上げているのである。その中で、多様な主体を必要に応じて自由に結び付ける役割をＮＰＯが担っている。縦割り化を進めてきた様式とは異なる様式で、それまで無関係であった組織や個人同士を繋ぎながら人やモノや金が動くことで、縦割りを壊すのではなく、縦割りの壁を溶かしていくことができる。

個々の人格が場として機能するためには、地域コミュニティを人々の感性の息づく空間に再生していくことが必要である。アサザプロジェクトでは流域内の各小学校区を地域コミュニティの単位として、それぞれの小学校を起点に生物や子どもの視点で空間の読み直しを行う総合学習を行っている。生物の生息空間の広がりと子どもの日常空間の広がり（身体図式の拡張）を段階的に重ね合わせることで、学区内から流域まで連続した一つの面を展開していく学習プログラムを各学校で行い、流域全体を小学校区

（コミュニティ）で構成された面に転換していく取り組みを進めてきた。これまでに、アサザプロジェクトには流域の九割を超える一七〇の小学校が、霞ヶ浦の自然再生事業に参加している。中学校や高校などを含めると二〇〇を超える学校が参加している。流域内に満遍なく配置された学校のネットワークを質的に転換することで、広大な流域が「人々の日常空間＝生物的視点で捉えた空間」によって覆われることで、これまでにない技術やシステムの展開の可能性が生まれる。日常が有する時間と空間の連続性を要素として取り込むことで、科学や技術の新たな展開が可能となった。アサザプロジェクトでは科学知と生活知の協働による流域管理システムの構築に向けて、企業や大学、研究機関等との共同開発が行われている。

すべてを同一平面上で読み替える

アサザプロジェクトはこれまで述べてきたように、自然のネットワークに重なり合う人的社会的ネットワークの両方の再生をめざしている。中心のない動的ネットワークは、私達に社会のすべての要素の読み替えや読み直しを促す。もちろん、この中には企業や行政も含まれる。私達はこの作業を通して、固定された枠組み（閉じられたシステム）の中での「可能性」の追求から、社会を覆うネットワーク全体から価値や意味を浮上させる「潜在性」へと目を向けることができる。

制約を様式に転換し創造的な社会をつくり上げる生のスパイラルはどこでも起こり得る。都市と農山村は同一平面上で読み替えることが可能だ。いまは、どちらも近代化の文脈の中にあるからだ。

地域の有する制約を科学知と生活知の協働によって様式に転換することができるかが、そして、地域の伝統や人々の日常の中にあるありふれたモノを読み替えていくことができるかが、地域の未来を左右することになるだろう。当然、それらは人々の価値観の領域でもある。

人々の日常生活を支える最もありふれたモノを新たな文脈で読み替えることで、多様性をもった社会を中心のないネットワークで覆った例がある。インドを独立に導いたマハトマ・ガンジーの糸車の運動や塩の行進である。少年期の私は祖母からガンジーの話を聞き、力ずくではなく創造力で社会を変えたいという夢を抱いた。その思いは長い遍歴の後に霞ヶ浦に自生する水草アサザと出会い、ようやく芽生えることができた。

４－２　都市と農村の多様な交流から、持続可能な農村地域をつくる

曽根原久司（ＮＰＯ法人えがおつなげて）

はじめに

わが国の農村地域では、高齢化、過疎化が止まらず、担い手不足などによる遊休農地の増大、山林の荒廃、また地域コミュニティの危機が、間近に迫っている。「ＮＰＯ法人えがおつなげて」（以下「えがおつなげて」）は、この深刻な状況を踏まえ、農村再生に向けた活動モデルを開発、普及するため、以下の活動を実践している。

かつては農林業が盛んだったが、現在は担い手の減少や高齢化に歯止めがかからず、集落崩壊の危機が迫っている山梨県北杜市須玉町増富地域で、構造改革特区認定のもと、ＮＰＯと地域、その他多様な組織が連携して都市農村交流プログラムを展開することにより交流人口を増大させ、集落機能の維持と持続可能な農村地域の開発につなげる活動である。開始から三年半が経過した現在（二〇〇六年十月）では、活動に賛同した農村ボランテイアなども含めて都市部から数千人の人が訪れ、耕作放棄地の復活、これまでになかった農産物流通ルートの開拓、大学との連携による今後必要とされる農村人材の育成な

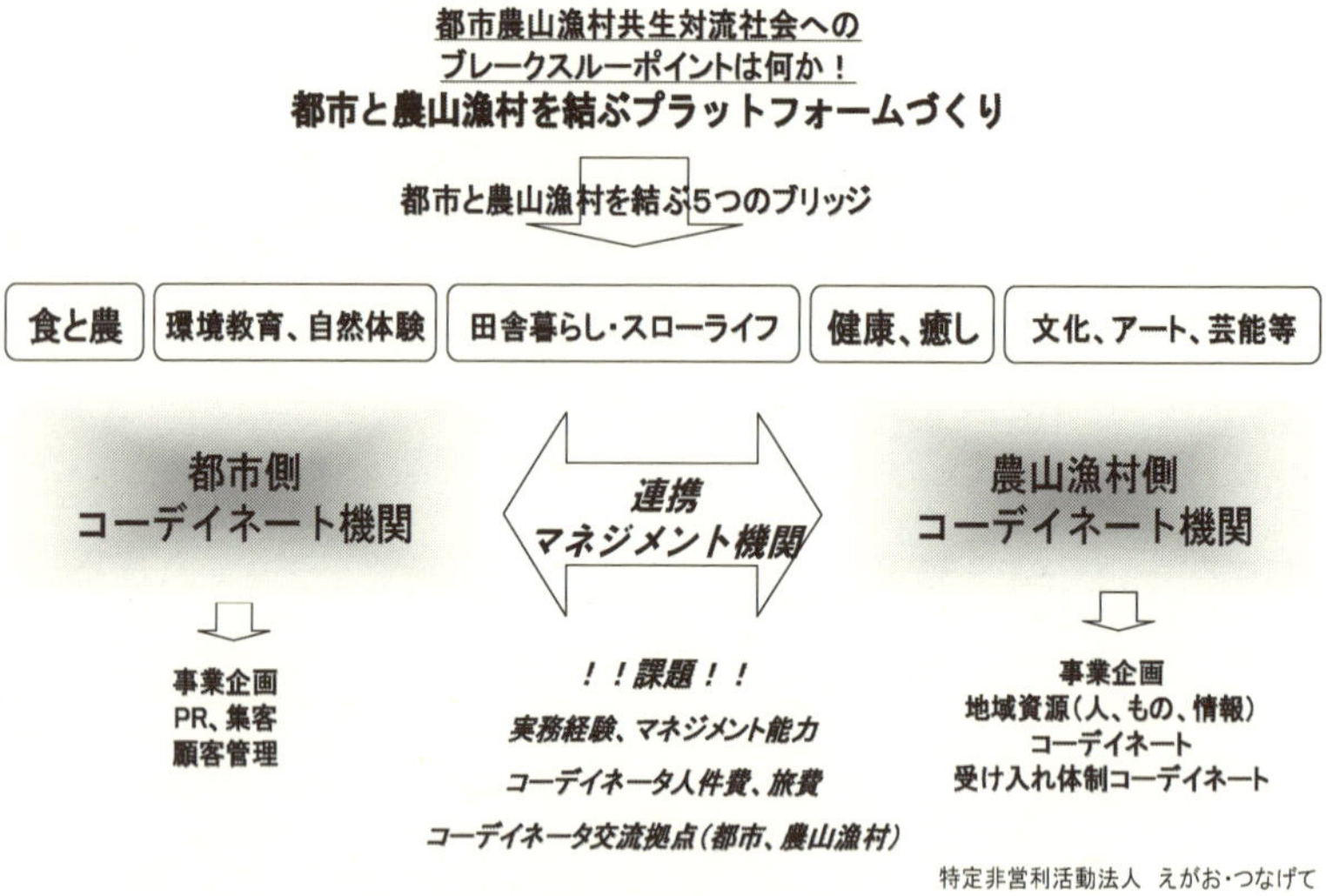

特定非営利活動法人　えがお・つなげて

図４－２　都市と農山漁村を結ぶプラットフォーム
都市農山漁村共生対流のブレークスルーポイント

ど、まだまだ課題は多くあるものの、徐々に活動の成果も実ってきている（図４－２）。

増富地域交流振興特区での活動

山梨県北杜市須玉町の北端に位置する増富地域は、農家戸数が一九九〇年の一三二戸から二〇〇〇年には二七戸に激減、六二・三%という耕作放棄率から見てもわかるように、農業の衰退という範囲を超え、集落そのものの維持が困難になりつつある状況であった。

このような状況の中、二〇〇三年四月、増富地域は構造改革特区「増富地域交流振興特区」の認定を受け、多面的な都市との交流の中で、地域資源を有効に活用して持続可能な農村地域社会を再生し、地域活性化につなげていこうとする活動に乗り出した。

特区認定以来、地域に広がる遊休農地約三ヘクタールを「えがおつなげて」が賃借し、全国の都市から集まった延べ約五〇〇人・日の農村ボランテイアたちによって人力で開墾を行い、農地に復活させ、多様な都市農村交流型の各種体験プログラムを展開している。たとえば年間約二五～三〇回（参加者総数約二五〇〇人）にも及ぶ多様なグリーンツーリズム運営である。これについては、地域の昔からの農事暦や生活様式をイベント化し、この地域の自然や風土、生活する住民たちとふれあいながら、農村の生活技術を学べる機会を提供している。

また都市農村交流活動の中で力を入れているのは、一般を対象とした交流だけでなく、企業や大学などとのつながりを重視している点である。一般消費者だけに頼るのは一過性のところがあり、持続的な農村地域開発を考えた時に不安要素が残る。そこで、企業とのパートナーシップを積極的につくり出し、産業としての基盤を安定させることや、大学と交流して将来農村を担う人材の育成や、知的財産資源の農村移転といった活動を、重要なポイントとして展開している。

たとえば、都市のスーパーのマザーズが参加する共同農場運営（トウモロコシ一万本産直農場）、またその共同農場をフィールドにした消費者対象の共同グリーンツーリズム（はたけの学校）の運営等々である。また同企業等食品企業との間で、現場研修もかねた人事交流も行われている。連携するスーパーやパティシエ、和菓子製造メーカー職員と、生産に携わっている農業者が、互いに農業の現場、販売や加工の現場を経験することで、消費者のニーズを把握したり、農産物や農村への理解を深めることを期待している。また、この地域に賦存する水資源、森林資源などでエネルギーを地域自給していこうとする東京農工大学との交流プログラムも行われている。教授や学生らがこの地域を訪れ、エネルギーに活用できる水力、森林バイオマスなどの資源を調査し、地域に合った小水力発電などの導入プロジェクトをＮＰＯと連携しながら進めている。また同大学農学部学生グループが、ＮＰＯと連携して都市住民を対象とした耕作放棄地の開墾、またその後の小麦生産といった一連の研修作業を行っている。これらの活動は、持続可能な農村地域開発を進めるうえにおいて今後必要とされる農村マネジメント人材の育成に大きく貢献している。これらの活動によって、かつてはほとんどなかった都市との交流人口が、約六〇〇〇人規模となり、またその活動の過程で都市から移住して来る人も現れ、過疎の山里に活気が蘇ってきた。

大月エコの郷特区での支援活動

上記のような活動を行う過程で、「えがおつなげて」の内部にノウハウが蓄積されてきた。都市と農村の交流コーディネートのあり方、地域との関わり方、遊休農林地の活用法、またその絡みにおける支援制度としての構造改革特区の活用法、またこういった社会的事業を推進するにあたって必要不可欠となってくるいわゆる産官学ＮＰＯ間の連携ノウハウ等々である。そしてそのころから、先の事例と同じような問題を抱える他の農村地域からの相談も多くなってきた。その事例を一つ紹介したい。

山梨県大月市内に約一〇ヘクタールの遊休農林地があった。この土地は、東京の某不動産会社が宅地開発のため取得したが、事業が進展しないままに凍結されたものだった。その後所有会社解散により資産処分が始まり、同区画の処理案が検討された。所有会社としてはこれを処分したいが、なかなかこれが思うように進展せず、困り果てたあげく、「えがおつなげて」に相談に来たのである。

まずは「えがおつなげて」においてこの案件を検討し、「大月エコの郷プロジェクト」と題したプランを提案した。それは、この案件における問題の処理能力を有する人材を、産官学ＮＰＯ連携によって集めて協議会を発足させ、その協議会においてその場所で有効と思われる都市農村交流などの事業内容、組織内容を検討し、なおかつそれを行うにあたっての農林地の処理方法などを検討するプランであった。その後、このプロジェクトを立ち上げることで合意。山梨県、山梨大学なども支援の方向を示すことになった。そして二〇〇三年十月から、この大月エコの郷プロジェクト案の元に関係者が集まって検討・準備を進め、二〇〇四年七月、県、市、大学、民間企業、ＮＰＯ、地域住民などからなる『大月エコの郷協議会』を発足。ワークショップ方式により活用方法を検討した。

その結果、地元住民を中心としたＮＰＯを立ち上げ、このＮＰＯが主体となって事業展開を行っていくこととし、協議会がこれをバックアップしていくこととなった。農地については遊休農地を開墾し、農業経営・市民農園・体験農園などに活用、林地については森林ボランティア活動などの事業に利用することとした。その際に現行法で問題となる農地については大月市より構造改革特区として申請した。

なお、特区は二〇〇四年十月に「大月エコの里」として内閣府に申請し、翌十一月に認定を受けている。またこの事業を推進する新NPOは同じく十一月に設立総会を開催し、現在はNPO法人おおつきエコビレッジとして、この一〇ヘクタールの特区地域で、都市と農村の交流活動が活発に行われている。

ところで、「えがおつなげて」はこの事業の中で次の二つの機能を果たしたといえる。一つは、産官学NPOのコーディネート、もう一つが都市農村交流ネットワークのコーディネートである。

まず、従来こうした「負の資産」については限られた構成員のみで議論されることが多かったが、行政（県庁内複数部局、市）、大学、民間企業（土地所有者、その他）、NPO、そして地域住民などが一堂に会して話し合う場（協議会）を用意し、「えがおつなげて」が事務局を担当した。さらに、現行制度（農地法）の規制とについては、市が特区申請を行うことにより速やかな解決が可能となった。こういった役割の分担についても「えがおつなげて」のコーディネートの元に行われた。二つ目については、「えがおつなげて」のネットワーク内に、いままで都市農村交流事業などが行われるなかで形成された専門事業を担う人材ネットワークともいうべきものがすでに存在しており、そのネットワークが最大限有効活用された。

都市農村交流は、現代社会にとってのブレイクスルー

いま国では、人やモノやお金、また情報といったいわゆる社会の経営資源が都市と農山漁村の交流を通じて行き交うようにし、お互いが共生できる社会をつくろうとしている。私も、この都市農村交流という手法が、農山漁村や都市部の置かれている社会問題—たとえば、地域コミュニティ力の低下、国内産業空洞化、自然環境破壊、子どもたちの教育力の低下、食料自給率低下などのさまざまな問題のバランス是正に有効な手法だと考えている。

もしも、都市農村交流という手法を、農山村や都市部の現在置かれている状況に照らし合わせて、効果的に事業展開させたならば、さまざまな社会問題にとって万能薬となって効いてくると考えているのである。以下に一例をあげたい。

過疎高齢化した地方は、どうしても人材不足が生じがちである。一方で、都市部には現在、就農希望者や田舎暮らしを希望する人たちが増えている。こういった都市部の人たちは、優れた感性の持ち主であったり、農村部に対するモチベーションが高かったりし、才能や仕事で培った技能や経験のある人も多い。また全国的にフリーター・ニートなど、職につかない・つけない若者も増えている。先にも書いたが、「えがおつなげて」では農林業などを手伝う農村ボランテイアを受け入れている。

こういった都市部の人々が都市農村交流というネットワークに加わることによって都市部の知的財産や労働力や感性が過疎地域に移転される。「えがおつなげて」もそういった人材と一緒になって動いている部分がある。たとえば、地域資源を活用したグリーンツーリズムの企画運営であったり、特産品の開発であったり、森林バイオマスの事業であったりと。それによって地域資源を活かした形での新たな地域の産業化も可能となり、それらが育つことによって、新たな国内地域産業も徐々に育成されてくるだろう。

また、社会には二面性があるということも忘れてはいけない。産業性とコミュニティ性である。都市農村交流は、先の産業面だけでなくその両面に効く。もし都市農村交流を通じて、過疎地域に都会人にも魅力的な交流事業が生まれれば、田舎暮らしなどに関心のある人が都会からやって来る。そういった人々が来れば、コミュニティの再生につながる可能性が十分ある。明確な全体像を社会ビジョンとしてもって都市農村交流を行ったとき、社会全体が総合的に活性化してくる。最近は農業体験などの都市農村交流もさかんになってきたが、単発の体験イベントに終わらせてしまってはもったいない限りである。一つの社会的要素を他の要素に有機的につなげつつ、それによって社会の活性要素を刺激、増幅させるのである。その刺激の一方で、社会の幅広い意味での基盤および条件整備を（ある意味ではこれは、社会のセーフティネットを張りめぐらせるという意味合いもあるが）行うことによって、農村、都市ともに抱える社会問題にとって、ブレークスルーとしての効果を発揮させるのである。すなわち、環境、福祉医療、子どもたちの教育、食料など第一次産品自給、国内産業空洞化、雇用不安、過疎と過密、社会文化等々の社会課題分野においてである。まさしくこれが、都市農村交流の現代社会におけるブレークスルー的意味なのである。

今後の課題

今後、わが国の農村地域では、高齢化、過疎化の影響によって、遊休農地の増大、山林の荒廃がさらに進み、またところによっては地域コミュニティの存続の危機が迫ってくるところもでてくるだろう。その一方で、田舎暮らし志向、エコロジカル志向、またスローライフ志向などのトレンドを受けて、また昨今の都市の環境悪化などの影響もあって、都市住民の関心が農村へ向き始め、実際に何らかの行動に動き始めているのをよく感じる。

「えがおつなげて」ではこの動きを捉え、農村の課題と、この新しい胎動とを、多面的な都市と農村の交流という活動で有機的に結びつけながら、両者の抱える課題とニーズをダブルで解決する可能性を、試みようとしてきた。最終的には農村地域における環境・経済・社会の統合モデルを実現させ、農村における持続的な地域開発モデルを一般社会に示そうとしている。

今後この活動を展開する上において課題となるのが以下の点であると捉え、その体制づくりを現在進めている。すなわち、持続可能な農村地域開発を進める上での教育・学習体制づくり、その中での人材育成である。

①農村における持続可能な地域開発の価値観と認識の普及啓発

持続可能な農村地域開発の実現を、地域あるいは連携機関が協力して実現することの認識あるいは価値観の共有、ならびにその上で教育・学習がその中心的な役割を果たすということについて、幅広い理解を得ることが重要となる。

②農村における持続可能な地域開発のための体系的事業計画づくりと、事業評価のしくみづくり

農村における持続可能な地域開発に関係するさまざまな機関・団体・人々の間でネットワークや連携・交流を推進するなかで、体系的な事業計画やその評価のしくみをつくることが重要となる。

③農村における持続可能な地域開発のための指導者育成の充実、拡大、またそのための教育プログラムの作成

農村における持続可能な地域開発のための指導者育成、教育プログラムの作成において、つねに実践からの経験や知識に基づき、指導と学習の質の向上を心がけることが重要となる。

以上三点を、今後の持続可能な農村地域開発の重要ポイントとして位置づけ、特にこの視点での人材育成に力点を置く方向性で進めている。このたび「えがおつなげて」は、環境省で進める「国連持続可能な開発のための教育（ＥＳＤ）の一〇年促進事業」の実施地域として、全国一〇地域の一つに選ばれたこともあり、このＥＳＤの枠組みのなかでもその体制づくりに本格的に取り組む予定である。

二〇〇八年、時代転換の予感

日本においてはおそらくいまから数年の間で、社会のさまざまな分野で大きなインパクトを与える社会現象が次々に現れ、場合によっては大きな社会問題として表面化してくるだろうと推測している。それらに対応するため、日本社会は否応のない変革を迫られるだろう。これらの動きが社会に暮らす人々の目にもより明確な形で見えてくるのが、二〇〇八年ころだろうと推測している。

「えがおつなげて」では、これに対応すべく社会の各セクターと連携協力しながら、微力ながらいまの社会の状況において効果的と思われる「都市と農村の交流活動」を展開してきた。そして現在、この二〇〇八年を間近に控え、新たな都市と農村の交流事業の構想を立て、準備を行っている。関東ツーリズム大学構想である。

いま、全国あるいは関東地域において、「えがおつなげて」と同様な理念とコンセプトをもち、都市農村交流を切り口に多様な形で実践しながら持続可能な地域社会モデルをつくり、現代社会の経済、環境、教育などにまたがる社会問題を解決していこうとする動きが見られる。このような理念とコンセプトをもつ人と組織を関東地域でつなげ、ネットワーク化する専門機関の設置の準備である。それが関東ツーリズム大学である。関東ツーリズム大学では、ラーニングバケーション、ラーニングコミュニティをコンセプトに、およそ関東一都一〇県の範囲で、農村地域での多様な体験学習・環境教育プログラムや、都市と農村の多様な交流による持続可能な農村地域開発プログラムなどを開発し、首都圏とその広域周辺地域との交流によって、持続可能な農村地域開発の広域ネットワークモデルをつくりたいと考えている。

４－３　未来への卵　―新しいクニのかたち

関原　剛（ＮＰＯ法人かみえちご山里ファン倶楽部）

桑取谷の磁力

桑取谷は新潟県上越市の西部中山間地域にある。この谷は、桑取川によってつくられた。南葉、重倉という千メートルの山塊を源とし、わずか一五キロメートルで日本海まで駆け下る桑取川。そして谷の高台から望むと、屏風のように連なる頚城連峰。この屏風にせき止められ、大量に降る雪もまた、解けてこの桑取川を流れ下る。

この桑取谷に、一つの風が吹いたのが約五年前。当時新潟県の認可第一号となった森林ＮＰＯの人々が、村人と川のゴミ清掃をしたのが始まりであった。それが桑取の人々であり、桑取川であった。そこで森林ＮＰＯの人々は学んだのである。森の隣りにはムラがあり人々が住み、そこには問題も多いこと。ムラの生業と生存というシステムがあって初めて森も守られるということ。このような学びよってムラのＮＰＯ「かみえちご山里ファン倶楽部」（以下ＮＰＯ）が立ち上がった（図４－３）。

現在では常勤スタッフ九名、会員二五〇名というＮＰＯになった。このＮＰＯは「外からつくられた」

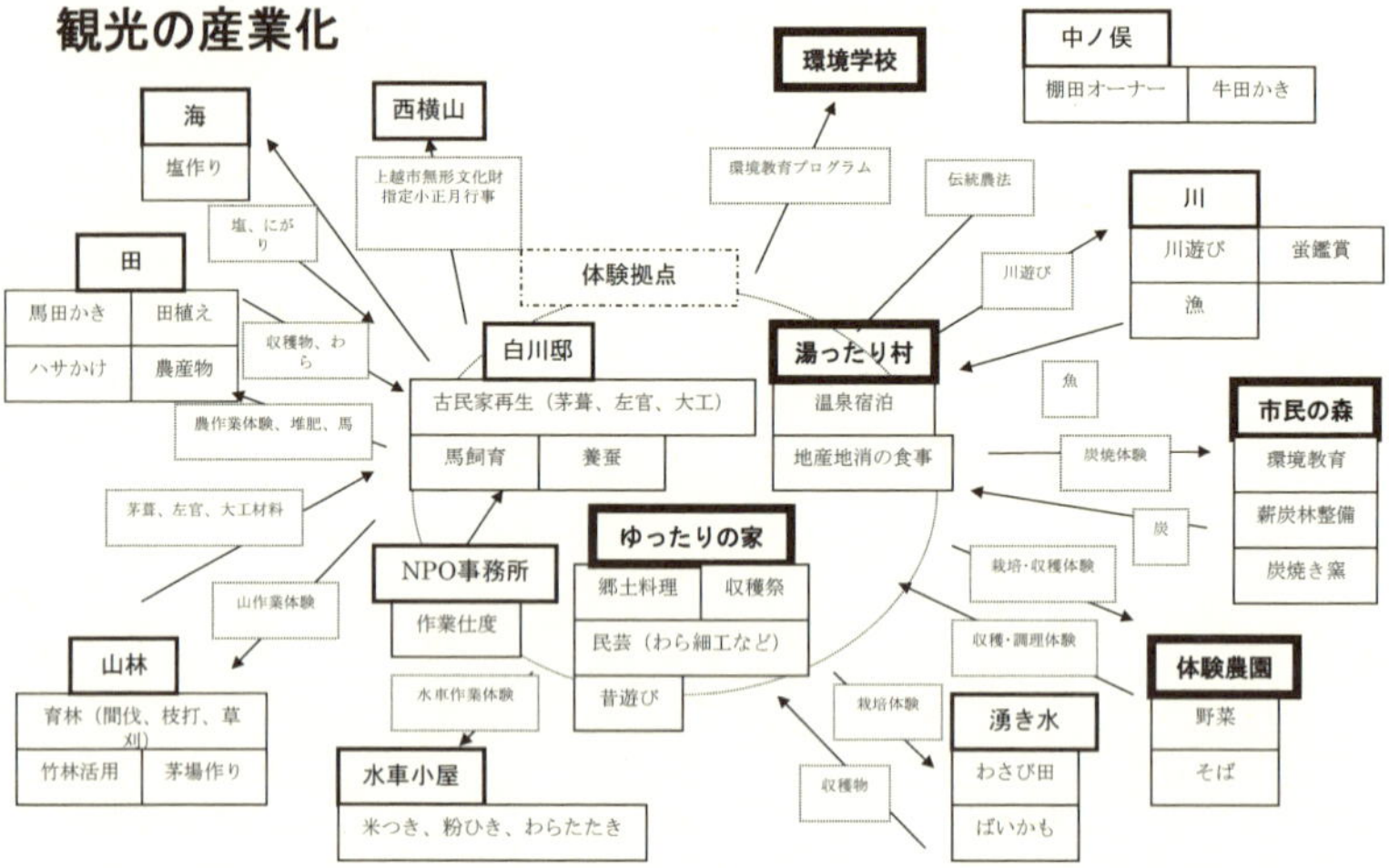

図４－３　かみえちご山里ファン倶楽部　—観光の産業化

ものではなく、設立からムラの人々が多く参加した。また、そのような意思を行政に見せることにより、ムラのことはムラでという考えで、市営の森林公園、環境学習施設の企画運営の受託が当初から行なわれた。この市営施設の「地域によるまかない」という試みは、大きな成果を上げる協働事例となってゆく。その成果とは施設の発展に限らず、市との協働の問題点を早いうちからあぶり出し、問題を明確化し問題の所在を双方が確認できたという点にある。市の言う協働と市民の思う協働とは依然大きな隔たりがあり、その隔たりの確認があって実効性のある自治の手法が開かれる。そのためには実例から学ぶしかない。その学びからの一つひとつの問題解決こそ、新たな自治、後段で言うところの「新たなクニ」の発生につながるのである。行政は従来の手法に疑問をもち修整し、ムラは地域エゴから脱却しムラの責任を確認しなければならないのだ。

外来の目と村人の目の出会いによる共鳴

ムラの自治に関して、従来の自治会では集落間の横のつながりが希薄になりがちであったが、ＮＰＯという組織が谷全体にかぶさって、ゆるやかな傘のような役を果たし始め、集落のことは町内会で、谷全体のことはＮＰＯで、という「自治の二重構造」をつくり出し、初めて谷全体のグランドデザインを実現可能にできる機能を獲得したのである。

またＮＰＯのスタッフに応募してきた若者たち九名は一名を除いて他県出身者である。日本全国からかき集めたような若者たち。それらを吸い寄せた磁力こそ、この土地の独自の水循環系と、そこに住まう人間たちの魅力なのである。

この若者たちの外来の目が新鮮にムラを捉える姿は、村人にとってもまた新鮮であった。その交わりの中から、ムラのさまざまな宝物が見つけだされる。その宝物とは、自然であり、労働であり、人間である。双方が出会ったことによって「大切なものは何か」を若者も村人も確認したのである。

ここでＮＰＯの果たした役割は大きく二つに大別できる。まず「ゆるやかで横断的な新たな自治機能（しくみ）の萌芽」、および「外来の目と村の目の出会いによる地域資源の再評価」である。地域づくりの始まりの基本は、この二つに尽きるように思われる。

このような二つの柱がしっかりするために必要なことは、大きな事業でも大きな施設でもない。人間というソフトをつくること。つまり「教育」だという実感がいまはある。

多くの中山間地は多品目少量生産という多くの生存技術の複合保持によって存在してきた。それが単一品目大量生産の手法によってその複合技能が剥奪され消去されつつあるいま、中山間地のもつ価値は出荷生産を無理して大量に行なうことではなく、それら複合生存技術の「学びの場」にこそあるのではないか。

われわれの桑取谷は一〇万人を食わせることはできない。しかし一〇万人がそれぞれ食えるような生存技能の「学び」は可能なのである。この学びの機能こそ、閉じた水循環系と千年にわたる持続生存、それを支えた複合生存技術、それにNPOという新たな視点の試みをもつ桑取谷の果たすべき機能であり特徴である。この意味でわれわれNPOが掘り起こし復元してきたさまざまな技能、民俗、智慧を総合させて学ぶための「仮称/山里学校」という小さな試みは、部分ではなく総合化を学ぶ学校である。

このようにムラを総合化の場と捉えて俯瞰した時、そこに見えたのは「学びの場」だったのである。

新たなムラびとの基準

このようにさまざまな活動が進む中で、新たに問い直されなければならなかったのが「村人とは何か」ということである。いま現在そこに住んでいる人に決まっている？　本当にそうだろうか。

いま住んでいる人のみが村人なら、さまざまなボランタリーな力は「既存定住者への奉仕」で終ってしまう。いまの定住者だけが対象であるなら、それは既得権益への隷属の形態となってしまう。それでは外からの新たな力は集いはしない。

われわれが考える村人には空間と時間それぞれに三種類がある。そしてその全てがムラ人である。

空間第一種ムラ人／いま現在住んでいる人々

空間第二種ムラ人／隣接する都市から頻繁に往還する人々

空間第三種ムラ人／大都市圏から定周期で往還する人々

過去のムラ人／過去に居住し文化民俗をつくり上げた人々

現在のムラ人／いま居住し文化民俗を担っている人々

未来のムラ人／未来に居住する未だ見ぬ人々

である。空間でいえば二種、三種の人々も「ある種のムラ人」と見るべきである。それらの人々との補完が、これからのムラの持続には重要となる。

また時間でいえば、未来のムラ人という仮定こそ重要である。そのようなまだ見ぬ人々を受け入れられる「クニ」を、どうつくるのか、ということなのである。ＮＰＯも、外来の人も、ムラ人も、未来のムラ人を想起し目標を置くことによって、外来者の独善や、ムラ側のエゴを抑止することができる。しかも「未だ見ぬ人々」であるのだから、軋轢もなく目標としやすい。この未だ見ぬ人々には、もちろんいま住んでいる人の子孫や、一度村を出て行った人が含まれるのは言うまでもない。ＮＰＯの若者もそうかも知れない。

これは理想論ではなく、村人との協議の場などで、ＮＰＯと村人の双方が確認しつづける必要がある。狭い場所では、しばしばエゴと独善が拡大されてしまうのである。未来のムラ人という仮想が重要なのはこのような意味である。

広域合併の後

上越市では一四市町村という大合併が行なわれた。その可否については論じない。事実があるだけである。そのうえで起こっていることは旧町村が旧町村の範囲のままで地域振興を行おうとしている点である。しかし旧町村の区分とは独自の自治体予算があって存在したものである。予算、つまり金の喪失とともに旧来区分での地域振興は機能しなくなった。

実際今後あるまとまりとして機能するのは、より地勢的な整合性をもつ旧来町村より小さなユニットであるだろう。またそのような五感共有性をもつエリアでない限り、住民同士が連帯する感覚は共有できない。つまり広域合併の後には、旧町村自治区分より小さくまとまりがあり、かつ駆動するユニットをつくり上げなくてはならないのだ。

そしてそのユニット同士は合併域内で協調よりは競争にさらされるだろう。その競争の中で独自性を打ち出せなければ、それは将来の消滅を意味している。今は中山間地の大量消滅時代なのである。しかし嘆きばかりではない。ある独自性を確立できたユニットは、合併後の行政にとって重要なパートナーとなり得る。それに代替できる機能がないからである。言い換えれば今は、消滅か新たなる繁栄かの岐路にある中山間地が多いということになる。旧自治体区分にこだわらず、地勢的な整合性をもち機能する小さなユニットにこそ着目すべきである。またそのユニットを定義するには、やはり水の循環系に照らし合わせる必要がある。そしてわれわれはそのような新たなユニットを「クニ」と呼ぶことにした。

クニをつくろう

われわれはいま、桑取谷を「クニ」と呼び始めた。「クニ」という言葉が表すものは意義深い。水の大循環、自分たちをまかなえる食物、多様な地域資源、人間のまかない、文化のまかない、あるいは資源フローによる少量多品目の高付加価値産品。協働、交換、貨幣の経済がバランスする場所。

このように「外に開かれながら内の生存自給と命の保持ができる場」こそ「クニ」という言葉の意味である。多くの人たちが桑取谷に見る夢もまた、このような「クニ」という響きの中にある。広域合併、道州制へと行政密度が希薄化する未来では、各地域が独自の基準（部族基準／トライバルスタンダード）によって、コンパクトな「クニ」化を行い、自前の道と自前のまかないを目指す動きにならざるを得ない。桑取谷の試みが未来を担っているとすれば、そのような「クニ」の先駆けとして、各地での「クニ」づくりを行える「人間」を育てる「クニ」になることに尽きる。

地図で見る桑取谷は三方を分水嶺に囲まれて、小さな入口を日本海に面してもっている。その形は卵に見える。あるいは胎に見える。これからさまざまな試みが行なわれるであろうクニという卵。それは未来への卵である。

〈座談会〉　地域生存とＮＰＯのこれから

出席者

（司　会）福井　隆（東京農工大学）

（出席者）千賀裕太郎（東京農工大学）

柏　雅之（茨城大学）

曽根原久司（ＮＰＯ法人えがおつなげて）

飯島　博（ＮＰＯ法人アサザ基金）

関原　剛（ＮＰＯ法人かみえちご山里ファン倶楽部）

白石克孝（龍谷大学）

（発言順）

中山間地域の危機の克服に向けて

福井　まず最初に私から今日おいでになっている三つのＮＰＯの概要を紹介させていただき、その後千賀先生と柏先生に本日のテーマについてかいつまんで述べてもらいたいと思います。そしてそれぞれのＮＰＯの代表である曽根原さん、関原さん、飯島さんに地域との関わり方、問題解決のアプローチについてお話しいただきたい。それから自由討論を四〇分ほど行って、休憩をはさんで白石さんから国外のものでも結構ですので、他の事例を紹介しながら、お考えを述べてください。それを受けて自由討論を行いたいと思います。

最初は「アサザ基金」の活動の概要です。アサザ基金は茨城県霞ヶ浦流域で活動されている。きっかけは霞ヶ浦の水質改善活動、それを地域の暮らしのしくみの再構築という枠に広げて活動されている。とくに現代生活の中で価値が低いとされてしまったもの、具体的には霞ヶ浦であるとか里山であるとか、そういうものに新たに新たな価値を付与する市民参加活動を展開されている。水質改善活動のなかで、アサザという水生植物に注目しています。重要なポイントは一〇〇年単位で共存できる暮らしのしくみ、社会システムをつくり直すという時間軸のなかでさまざまな事業をしていること。ここに特徴があると思います。コンクリート護岸に植生が根付くことによって生態系が回復し水質が改善するということが一つの象徴的な事業ですが、すべて一〇〇年後の霞ヶ浦再生にターゲットを絞っている。キーワードは中心をもたない状態、それぞれの事業が土地の利用価値を再構築していくなかで、それに利害のある方々が、ボランティアを含めて多様な形で関わってさまざまな事業が動いていくということだと思います。最近では外来魚の駆除も行っている。それもただ駆除するだけではなく魚粉にし肥料化して農業につなげている。それからバイオディーゼルですね。菜の花を作ってそれをバイオディーゼル化して地域の交通を走らせようじゃないかということまでスタートしています。

今日の主題であるＮＰＯを地域のなかでどう考えるかということですが、これは飯島さんが説明されているのですが、価値をつくる、行政をネットワークのなかで機能させていくんだという考え方をもっていらっしゃって、行政などの専門分化した組織からＮＰＯがネットワークをつくって公的な機能を引き出す。そういうビジネスモデルを提案されている。今までの話をまとめますと、湖や耕作放棄地、里山などに利用価値を付与して、地域の新たな事業のあり方を提案して活動しているのがアサザ基金ということになります。

次の山梨県北杜市で活動する「えがおつなげて」は、代表の曽根原さんが一〇年以上前に、中山間地域での持続型の生活システム構築の可能性を確信されて耕作放棄地の農業利用それから森林の利活用から新たなモデルづくりをされている。特にポイントは中山間地域の資源に新たなマネジメントシステムを加えることによってその地域の持続可能性が生きていく。こういうことをテーマにされている。たとえば、具体的な一つの事例としては北杜市須玉町黒森という山奥の集落の取り組みですが、数十年放ってあった耕作放棄地を、有名な洋菓子店のパティシエたちが利用するというような新たな価値を付与して、そことのつながりで交流が生まれ始めている。

今地域に決定的にマネジメントが欠けている、というところを補完するのが「えがおつなげて」のいちばん大きな特徴となっている。耕作放棄地とか加工施設を使うなかで再利用システムをつくる。サプライチェーンマネジメントシステム、お金の流れ、そういうものをきちんと組み立てることを考えている。人材活用もきちんとやっている。まとめますと都市と農山村の交流を通じ、圃場や森林に新たな価値を付与することによって地域における新たなマネジメントシステムを構築していく。こういうことをやっていると理解しております。

そして最後に新潟県上越市桑取谷流域で活動されている「かみえちご山里ファン倶楽部」。聞いたところによりますと、市民の森の活動から始まっているという。ゴルフ場開発を阻止した森林を市民の森として整備していく活動の中で、地域や集落の暮らしが全然成り立っていないということに気づいて村の暮らしの再構築に視点が変わっていった。そのきっかけは川の流域の掃除だったということです。伝統的な生活生存の技術に新たな価値を付与して、自治を創出する活動ととらえております。そのきっかけとなったのが「伝統技術消滅危機技能順レッドデータ」の作成です。これは地域のおじいちゃん、おばあちゃんがもっているさまざまな技術があとどのくらい保持できるかということをつぶさに聞き取りで全部書き出したもの。牛や田かきといった伝統農法などさまざまなことをやってらっしゃるなかで、重要視されているのが地域の水循環系のなかでどう自治の形を模索しているかということです。

千賀先生と柏先生に中山間地域の現状を話していただく前に、ご存じのことと思いますが、実際の中山間地で象徴的な状況を二、三お話ししておきます。都市化するなかで風土資源が使われてなくなってひどい状況になっています。山の中に行くとダム湖にはたくさんの流木があったり、間伐がなされても切り捨てです。使われないため森林蓄積が未曾有の量になっています。三重県宮川村では、杉を切っても売れない、それより杉の皮一枚五〇〇円するから皮だけむこうやということが起こっています。それだけではない。宮川村では不在地主がすごく増えていて、固定資産税を払うのが嫌だからなんとか金に変えたいということであちこちで皆伐が始まっている。皆伐してチップにして売って後は知らん、山が壊れようと関係ないという不在地主が増えている。これは非常に困った状況です。

ご存じのように農業従事者は高齢化して、今販売農家数が三四五万人、六五歳以上が六五％以上、減反政策が終了する二〇〇九年にはこれが六七％以上になってくる。農林水産業だけではなく地域の産業もひどいことになっている。国民所得の四分の一を高所得者が独占している。都市部へ資本も持っていかれている。都市でも東京をはじめとする大都市に集中している、という状況になっています。それで、曽根原さんがよく言われるグローバライゼーションのなかで、地域の経済が衰退する、少子高齢化、人口減少、そして環境条件が変化している。

地域での失敗の要因は継続性の担保ができないこと。すなわち地域におけるマネジメント能力の欠如、ヒト、物、金、運営の管理ができていないこと。これが大きな問題ですね。地域リーダーの確保とその育成。これまでいわゆる成長する経済のなかでは俺が俺がというリーダーでなぜか回っていったけれども、お金もない物もないという状況のなかでどうも運営形態がおかしくなっている。地域マネジメントの方向性としてはやはり近代化から逃れた新たな自立を考えていかなければいけないのかなと思います。これは私なりに考えている地域マネジメントの形なのですけれども、その地域をどこに導くのか、それからそこに向かっての具体的なビジョン計画、行動指針をつくる。それからどのような地域のものさし、考え方をつくっていくか。いまはやりの言葉で言えばグランドデザインとマニフェストと基本条例のようなものを組み合わせてやるということだと思います。

実はそういったことを高知県の十和村というところが一九八九年にすでにやっていて、十和村はいま非常に元気になり始めています。一九五〇年まではヨーロッパが一番、そのあとはアメリカが一番。これからは日本が一番ということに向かって自分たちでものさしをつくって、それに基づいて動いてきた。

非常におもしろいやりかたです。

次にこれは富野暉一郎（龍谷大学教授）さんの受け売りなんですが、明治政府がはじめにやったことが廃仏毀釈だそうです。すなわち和魂洋才、西洋諸国の植民地政策から逃れるために、日本は日本の心を捨てて富国強兵を推進したんじゃないかと。でもここへきて日本もそろそろアイデンティティを取り戻してゆくべきではないかと思います。これは水俣市の吉本哲郎さんがよく言う、経済というのは貨幣だけで考えたら間違ってしまうよということで、貨幣経済と助け合う経済、それから自分で自給するというのも重要なのではないか。逆に言うと中山間地では助け合うということを考えたうえで現金収入を考えた方がいいような気がします。

美しい営みの風景を残していくためにはどうしたらよいかということを今日は話し合いたいと思うのです。最近買った「一神教の闇」（安田喜憲著、筑摩書房）という本のなかで、日本人は山を見ること、山に対する思いが非常に強い。森を見て美しいと感じる心、こういうことは美しい水の循環から生まれるものではないか、とありました。とくに美しい心の原点はアニミズムにあるのではないかというのが先ほどの安田さんの考えです。

それでは千賀先生に今の中山間地の課題というものを簡単にお話しいただきたいと思います。

農山村社会のメカニズムの崩壊

千賀　かいつまんでお話します。農山村地域にとって非常に大変な時期になってきている。これまでの農山村社会がもっていた社会的メカニズムの本質を確認しておく必要があると感じまして、うちの大学の研究室の学生にもその辺をテーマに博士、修士論文を書かせている最中です。一つは農山村社会というのは複合的な組織として有機的複合体を成していたに違いないという仮説を持っておりまして、それが具体的にどうであったのかというのを調べている最中です。それはあとでお話しします。二番目は、福井さんの話にもありましたが、農山村地域にはもともと四つの経済があったということですね。自給経済、共同経済、市場経済、それに私が公共経済と名付けているものがあります。これは税金として所得の再配分という課程で入ってくるというものですね。そのうち自給経済、共同経済が卓越していて、市場経済あるいは公共経済が小さくても豊かな生活ができたのだろうというように思っています。三番目に地域資源の利用保全ということですけれども、地域では自給経済なり共同経済なりを成り立たせるために、「地元学」が示すように非常に豊かな地域資源を自前で管理や利用していたという実態があった。これがもちろん農家経済にも寄与していて、そういうものが次第に崩れてきたというのが現状ではないかと思います。これが有機的な結合体、総合体としての農村地域が立ち行かなくなった大きな要因であると感じます。それから農山村というのは地域のリーダー、組織のリーダーが持続的に生まれ育つようなしくみをもっていたというのも大事なことではないかと思います。現状でもそういう地域はいくつかあるわけでして、滋賀県甲良町や兵庫県南淡路阿万塩屋集落といった地域では二〇以上の住民組織が集落内にあって非常に活発に住民が活動をやっている。しかも子供から成長するにしたがって入る組織なり、リーダーとなって活躍する組織が用意されていて、目的意識的に子どもの社会性を育てたり将来のリーダー層を育てるというしくみをもっている。いままでこういう地域のしくみというのは非常に封建的で個性的で閉鎖的だという評価が学者あたりからあったわけですけれども、よくよく見てみると必ずしもそうではなくて、民主的な手続きによってリーダーが代わっていて、恣意的な派閥人事というのも全くないというわけではないと思いますけれども、こういった組織では見られなかった。

このようにコミュニティーが人間を育成するシステムを目的意識的にもっていてそれを運営していたと言ってよいという気がします。しかし、そういった組織がガラガラと崩れてきました。外部要因なり内部要因なりによってそれが崩れてきた。そして人口論的限界というのは柏雅之先生の用語ですけれども、七〇歳以上が非常に増えていて若手が育ってこないという実態があります。そこで新たな農山村戦略システムの構築ということを考えたときに、農山村の技術や生活スタイルをどう考えたらいいのか。私は都市と比べると農山村の地域社会システムというのはやはり技術的観点からみても存在していたのだと思います。それは自給経済、共同経済というのが成り立った上で市場経済が組み込まれないと都市にたちうちできないからです。現に農水省の資料によれば労働賃金に都市と農村の間に二倍から三倍の地域格差が生じています。国は農業所得を都市並みにすると言っていますけれども、どんなに逆立ちしてもそれは無理です。これを家計所得としてカバーするためには自給できるものは可能な限り自給すること。商品価値の高い作物を生産すること。栽培、加工、流通を統合した第六次産業を展開すること。それから農村の景観、文化などあらゆる地域資源を活用してグリーンツーリズムなどを展開すること。農山村地域ではこれらをきちっとやるしかない。それから相当しっかりした社会システムとマネジメントが必要になってくるということになります。

そして、もう一つ重要なのが価値観の形成だろうと思っています。価値観というのはいろいろやっかいな話でして、農山村の人も農業や農村に対する価値というものを見失いがちだし、都市の人間もそうだろうというわけで、自給経済、共同経済をやろうといっても、今さらなんだという価値観があればとてもそうはいかない。これは私もどうしていいのかわからないのですが、身体労働の尊さや自然との接触の喜びといった労働の価値観を変えていかなければならないだろうし、生活の価値観も温かな人間関係重視というように変わっていかなければならない。空間の価値観も健全な農村の景観美の共有、独り占めではなく共同による景観保全へ。それから文化の価値観。ヨーロッパ文化だけが優れたものなのではない。アジア地域文化あるいは伝統文化でありかつ革新的な文化、文化的洗練ということの意味を共有していくことが必要だろう。技術の再評価を行って職人技術を選択的に導入するだとか、これに先端技術をいかに組み合わせていくか。ほかにも共同の価値観、宗教的な価値観など。これらの価値観に共通する理念としては人と人、人と自然のなかで心地よい暮らしを実現することの肯定感が不可欠ではないかと思います。内発的地域経済を支える人材の確保のために教育が重要ですね。新たな地域システムの構想、企画、マネジメントができる人材の育成は欠かせません。地域の自然、自然景観を活用する方法、地域の資源、技術を補充する方法、これらが地域の特性になじむようなものでなければいけないし、なじむような資源、技術でなければいけない。こういうしくみの構築が必要なのではないかと思います。

中山間地域の危機と克服への課題

柏 まず、中山間地域がどのような危機に面しているかというと、大きく三つの問題領域に分けられます。

第一は、地域資源管理システムが崩壊に瀕しているということ。ここでの地域資源というのは農地、里山や山林などを意味します。従来は、多数の人々（農家、農家人口）の存在をベースとして地域資源管理はなされてきた。しかし今や、そういう人々がいなくなってしまい、従来から支えられてきた地域資源管理システムが崩壊しつつあるわけです。四〇数年続いてきた人口流出を背景とした農村地域高齢化、人口サイズの大幅な縮小がもたらしたものです。

第二の問題は、同じく人口サイズの大幅な縮小・農村高齢化によって、集落機能が極端に衰退し、集落社会が空洞化してきているという問題です。この二つが大きな危機の柱といえるでしょう。

第三は、就業機会の減少です。グローバリズムを直接あるいは間接的な要因としたものです。高度経済成長期以降、中山間地の人々の生活を支えてきた要素としての農業の比重は低いものでした。そもそも零細な日本農業のなかにあって、さらにより零細規模の中山間地域では農業のみで食べていくことは非常に厳しい。彼らの家計は兼業に大幅に依存してきたわけです。その一つが通勤圏内にある製造業の末端部品工場や縫製工場などに代表される零細規模の企業です。しかし国内産業空洞化、資本の海外逃避はこうした就業機会を奪っていきました。二番目は公共事業。すなわち土建業です。公共事業の縮小は、土建業者にも痛いですが、そこで不安定雇用とはいえ、職を与えられてきた中山間地域農家の重要な兼業機会を奪うことになりました。地方での公共事業は一種の所得再配分効果をもたらしてきたものです。それが政府の財政が厳しくなるなかで縮小されてきたわけです。

現在の中山間地域の危機的状況を整理すると以上のようになります。それに対して、国はどのような対応をしてきたのか。典型的なものが、一九七〇年から一〇年更新で継続してきた過疎法による、主に生活関連ハード整備に軸をおいた対策です。しかしこうしたハード整備に関しては相当充足されているといっても過言ではない。ただし、住民にとって真に必要なハードでは必ずしもなく、不必要なハードをつくってしまっているチグハグさが存在することは問題です。国の条件不利地域立法で問題であり続けたのは、所得形成に関わる有効な施策を打ち出してこなかったことです。こうしたソフト的な支援がないということで、ヨーロッパに立ち遅れること四半世紀をもって、ようやく二〇〇〇年から中山間地域等直接支払制度が成立し、一定の基準の下で、耕作条件の悪い棚田農業を頑張っている人々などに対して政府が直接支払いを行うようになったわけです。その理念は、ヨーロッパと同様にそこでの農業がもつ多面的機能の供給を維持することにあります。そして一〇アールあたりいくらと地目別にお金が直接農家に支払われる制度です。ところがヨーロッパと違いまして、とくに西ヨーロッパの条件不利地域は一戸あたりの経営面積が非常に大きいですから、単位面積あたりの支払い単価が、仮に日本の一割程度であっても、経営としては莫大なお金が入ってくるわけです。したがって、西ヨーロッパの場合、その政策は文字通り「所得保障」という内実をもち得ます。

これに対して日本の中山間地域の場合は、経営規模が棚田だったら通常五〇アールとか六〇アールとかいうようにごく零細です。したがって、面積あたり単価がヨーロッパの一〇倍あったとしても、基本的に所得補償の意味合いはもち得ない。年間一〇万円や二〇万円の直接支払いを受けても、それをもって定住を支える所得的な足しにはほとんどなり難いといえます。

　こうしたなかで、各人がバラバラに支払い金を使うのではなく、いったん個人に分配されていた支払金を最低でも半分は集落の基金として拠出し、集落共同の取り組み活動をやることでこの制度に有効性をもたせようとしました。個々人にとっては小額の支払金も、積もればそれなりの大金になる。そうした方法を決めるのが集落協定です。共同取り組み活動として、たとえば農道補修、獣害対策、機械の共同購入などがあります。共同取り組み活動のあり方をみなで考えて実行していくためのお金、原資として直接支払い金を利用しょうと農林水産省が指導してきました。実際そうしたことで少なからぬ優良事例も生まれています。また、そうした共同取り組み活動をやるなかでソーシャル・キャピタル（社会関係資本）が形成されることも期待されます。また、施行後五年間を経て、復田をはじめ一定の耕作放棄防止効果が現れたとの報告はなされています。

　しかしながら大きな問題があります。そのような優良事例を見に行っても、そこで活躍している人々、リーダーをはじめ本当に頑張っている人たちの年齢が六〇歳代なんてのは若い方で、多くは七〇歳代から八〇歳代なのです。この人たちの努力には感銘いたしますが、問題はその後継者です。この下の世代がこうした共同取り組み活動の継承・発展を担っていくのかというと、そうした年齢階層別の人口賦存量や、また彼らの地域資源維持に関する意識・規範に関しても懸念が大きい。現在のリーダー層に、ご自身らの活動の後を継いでくれる人がいるかという質問に対して、一〇年後どころか五年後もめどが立たないという答えが多く返ってくる。要するに「人口的限界」です。一九六〇年代から延々と続いた過疎化がもたらしたものです。こうなると、結局いろいろな努力をやっても、人口的限界が全面的に顕在化したときには、こうした政府の財政的な措置が一挙にむだになってしまう可能性があります。これは恐ろしい問題です。

それから農協と市町村の合併問題に言及する必要があります。農協の広域合併が九〇年代に進み、昨今は市町村広域合併が進行しました。その狙いは「合理化」ですが、これによって管内の多くは縁辺部に位置する中山間地域に大きな問題が生じます。たとえば農協で農業生産や生活のサポートを行ってきたのが、中山間地域では切り捨てられることになりがちです。とくに日本の農協は総合農協という世界にも類を見ない特徴をもっています。これは生産から生活サービス、保健医療も含めてですが、全てを丸ごとサポートしてきました。それが広域合併で「合理化」され、たとえば中山間地域からの撤退が起こってきたのです。広域市町村合併も同様に、かつて中山間地域自治体が独自の地域支援を行ってきたものが、合併後は廃止あるいは事業規模縮小に追い込まれるケースも少なくありません。こうした面からも中山間地の危機はエスカレートしています。

以上、中山間地域の危機的な現状を述べましたが、ここで課題を二つ整理します。

一つは地域資源管理の担い手システムをどう再建するかです。農地・里山・山林の管理の担い手問題です。代々そこに住んでいた多数の人間に支えられてきた地域資源管理のしくみを、公的支援をもってして再現してやろうというのでは現実性はありません。人口的限界は甘いものではない。したがって、少数化した人間で管理していく方法を考えていかなければならない。

二つ目は、新たなマーケティング・システム構築も視座に入れた地域農産加工やグリーンツーリズムなどを含めた地域内発的アグリビジネスをどう創出するかです。農家が作った農産物が消費者に届くまでに、「川中」「川下」産業、すなわち流通業・加工業・小売業がたくさんお金をとってしまって、結局消費者が食品に払っている分のごく一部しか農業者に行かないことはよく耳にしていると思います。内発的なアグリビジネスというのは、「川中」「川下」産業に落ちる金を農村すなわち「川上」に引き戻すということが目的です。

しかし、両者ともそれを成功させるのはなかなか難しい。

地域資源管理の担い手システム再建問題からまいりましょう。先ほど述べた危機的事態に対して、自治体も手をこまねいていたわけではない。「もう高齢化して田んぼも耕せなくなったのでなんとかしてくれ」と多くの農家が役場に泣きこんでくる例が一九八〇年代末頃から続出しました。それで、こうした中山間地域の市町村が独自に財団法人や社団法人、あるいは有限会社や株式会社という法人形態をとって、市町村農業公社というものをつくりました。これは自治体が半分を出資し、半分を農協が出資する、あるいは森林組合もちょっと出資するといった形でつくられました。いわゆる「農村第三セクター」とよばれています。そこでオペレーターを雇って、高齢化して耕作できなくなった農家の代わりに、農業公社が耕作するのです。

こうした方式が一九九〇年代以降、全国の中山間地域にどんどんと広がりました。しかし、それは大きな問題点を抱えておりました。「第二役場」といってもよいような組織的性格です。役場と同じような給料体系をとる。トップは市町村首長が兼任する、そして副理事長もしくは副社長は農協組合長が兼任すると。結局トップが事実上不在である。実際にマネジメントを行うのは役場の出向者であったり、産業課長が事務局長になったりするケースが多かった。業務運営のあり方は役場のスタイルを踏襲している。またトップが兼任ですから、責任の所在、権限の所在がはっきりしないということがある。そういうなかで、効率的、効果的に事業をやるというインセンティブはどうしても不足します。それで高コスト体質ということが問題になってきます。要するに公社には「経営」という意識が欠けているのです。公益性はあれども、あくまで事業はビジネスであり経営の成長を強く追求する体質を持たねばならない。

次に、農家の高齢化によって農業できなくなった分を農業公社が代行し、それによって多面的機能が保たれることは事実です。これは準公共財サービスの供給になるのですが、それがどうしても過剰供給になりがちである。つまり、標準作業料金や標準小作料を使用しているのですが、こうした実態にそぐわない地代水準や作業料金でやってしまうことの再検討もしなくてはならない。そしてどこまでの農地領域を水田で耕作して守るのか、それとも、条件の悪い圃場は緑地化するなど、稲作ではなく、より粗放的な方法で管理していくなど、圃場条件などに応じた多様な土地利用計画手法があると思うのですが、そういったことはあまり考えないで、とにかく同じ市町村民であれば、それらの人たちには一律同じサービスを供給しなければという考えで事業を行う。これがサービスの過剰供給ということにつながります。

こうしたなかで、多くの市町村公社が大幅な赤字に悩んでいます。そして「出口」が見えない。とりあえず市町村の補助金でなんとか維持しているといった状況が続いてきました。こうした実態を、ある論者は、「崩壊引き伸ばしの延命機能」と評しました。次のビジョンが見えない、とりあえず目先のことだけを、赤字補填してもらいながらやっている。こうした批判にどう応えていくかが問われている。

今後どうするか。一つは、新規農業参入を目指す者に対するインキュベーションを農業公社や、NPOなどがやってもいいし、あるいは農業生産法人がやってもよいと考えます。インキュベーションというのは卵を孵化させることですね。それによって新規参入コストを低減させてやる。農外から農業に新規参入したい、もしくは本当に専業的な農業に変えていきたいといった人々には、コスト的なハードル、心理的なハードルなど、越えなければならないいろんなハードルがあります。そのハードルを低めてやるのがインキュベーションです。そういったインキュベーション事業をなんらかの地域主体が担っていく必要がある。それをベースに新たな経営構造の地域営農主体を構築し、新しい地域資源管理システム再建を図ることが望まれます。当然そこには都市部のボランティアといった主体もどんどん組み込みながらやっていく、そういうようにしていかないと、だめだと考えています。

それから先ほど二番目に、地域内発的アグリビジネスの話をしました。これも現実はなかなか難しい。「一村一品」ということで一九七〇年代の終わりぐらいから地域農産加工はずっとやられてきました。そして毎年、優良事例というのが、次々に紹介されるのですが、しかしながら、あれから三〇年近くたっているわけですから、日本国中に村おこしは成功裏に広まったかというと全然そうではない。その原因は、農村内部に内発的アグリビジネスを行うに必要な経営資源が不足していることにあります。ノウハウや、販売チャネルであるとか、そういう資源が不足している。人材も不足している。そういうようななかで、地域内発的アグリビジネスというものは、偶然類まれな指導者がいて、類まれな能力を十分発揮してやった場合には成功するケースが出てくることがあります。しかし、こういう人材がいない、いてもリタイヤか転出した、などといった場合には事業の成長は止まり、ジリ貧となります。

地域資源管理や地域内発的アグリビジネスの話をしましたけど、これをどのような地域主体が担うのかが問題です。今までは自治体、それから農協という形でやってきた。しかし自治体にはこうした経営資源も欠如しており、効率性・効果性に対するインセンティブも弱い。さらに広域合併は中山間地域にとっては向かい風となっています。

広域合併が進行するなかで、自治体のみでもない、農協のみでもない、新しい地域経営主体を中山間地域に創出していく必要があります。そこがヘッドクォーターになって地域資源管理システム再建や地域内発的アグリビジネスを進めていく。

そこは多様な主体の力を結集していける新たな地域経営体でなければなりません。自治体は多様な主体の要役を担い、他の主体の力を引き出してやる必要があります。他の主体とはまず民間営利企業が考えられます。これは「川中」「川下」のアグリビジネス産業でもいいのですが、地場産業を重視すべきでしょう。地場産業には土建業があるし、食品加工業がある。土建業が農業参入してもいいわけです。次に地域内外の民間非営利セクターがあげられます。こうした多様なセクターによって構成されるパートナーシップ・システムによる地域経営体を創出する必要がある。こうしたなかで農村に欠けている多様な経営資源も補われる可能性が出てくる。三つのセクターの長所を結集し、各セクターの「失敗」を補完し合える組織が必要です。そこでは人材リクルートシステムの変革などやるべきことはたくさんあります。

それから最後に一点だけ付け加えておきます。先ほど農協合併や市町村合併で中山間地区が切り捨てられていく、生産のサポートだけでなく生活のサポートまで切り捨てられていくという状況があった。そういうなかでたとえば京都府なんかでは、農協が撤退するんだったらもう自分たちで、農協が今まで供給してくれた生活サービスを提供するしかないと考えて、集落の人たち、これは農家、非農家合わせてコミュニティで出資して農業法人を作って自分たちで「コンビニ」をつくったケースがいくつかある。「コンビニ」というのは、単なる小売店のコンビニエンスストアという意味ではない。たとえば高齢者が農業生産できなくなったら農業生産組合が代わりに農業の支援をやる、老人介護も行う、などなど、生産から生活まで住民が必要とするあらゆるサービスの供給をめざしている。そのような地域法人を、コミュニティの人たちがみんなで出資し、所有してやっている。これはある意味で自然発生的に日本の中山間地域から登場した「社会的企業」といえるのではないか。地域を維持するという社会的なミッション、それをビジネスとして持続させていこうとする姿勢、コミュニティの所有といった社会的企業に共通する特徴を持っています。行政とのパートナーシップの強化が今後の課題ですが、中山間地域維持の新たなスタイルになるかもしれません。

重要なのは大地のマネジメント

福井　では次に曽根原さんからお話を。まさに今やってらっしゃることがそれを解決するためのシステムづくり、モデルづくりなわけですから。

曽根原　先ほど福井さんが話されたところなんですけど、これからは大地のマネジメントというのが重要かなというふうに思います。それに対するのが資本のマネジメント。いうなればそれは、キャッシュのストックとフローで回す資本のマネジメント。そこに人・モノ・情報などが動くマネジメント、そういう経済構造が資本主義なんですけども、お金も必要なんでしょうけど、やっぱりこれからは大地のマネジメントという軸が重要なことなのかなと思います。

福井　大地というのは地域資源のことですか?

曽根原　地域資源もそうでしょうし、大きく言えば自然でしょうね。さらにいえば地球でしょうし、宇宙とかっていう話になるんでしょう。その中で重要なのが、やっぱり「大地の中に人がいる」という構図になっているんですけど、大地の中に人がいて、その関係性の中でどうマネジメントしていくか。そういったことを落とし込むと、大地の中には地域資源があるから、地域資源と人がどう関わり合いながらマネジメントできるかということ、もっとでかく言うと、自然と人が関わり合いながらどうマネジメントしていくかという、さらに言えば地球と人と云々、ということなのかなというふうに今、大地のマネジメントとはいい言葉だなと感じつつ、思いました。私は以前、資本のマネジメントのコンサルタントをやっていたんで、一八〇度変わったんですが、やはり社会の行き詰まりで大地のマネジメントが必要とされてきたということなんだろうと思います。資本のマネジメントではどうしても資本の論理でものが動きますんで、その結果として、環境だとか、都市の住空間だとか、子供の成育環境、そういったものに結果的にしわ寄せがいくというのは当たり前で、それをもう一度、価値観の座標軸を移して大地のマネジメント、大地だけじゃなくて人との関わりの中でマネジメントを行うということが今必要なんだと思いました。

その文脈で考えてみると、大地のマネジメントが実際、いま日本においてどのぐらい行われているかと見てみると、実践する人が少なくなっている、あるいはいなくなっている、これが現状なんだと思います。大地という地域資源がたくさんある農村には高齢化で実践する人がいなくなっているとか。いま必要とされているのは、やはり実践なんだろうと思います。大地と人との関わり合いの中でのマネジメント、これをいかに実践のマネジメントとして組んでいくかということがないと、結局は始まらないのかなと。では、実践のマネジメントとはどういうマネジメントサイクルをもつものなのか。実践ないところにこれはあり得ない。そして実践すると課題が出てくる。その課題を浮き彫りにしたらそれは考えなくちゃいかん。放っといたら始まらない。考えて、調べたりしながら考える。そうすると、何らかの、もしかしたらこういったことがいいかもしれないという仮説が出てくるんです。そしたら仮説をまた実践していくという、こういうことなんじゃないかなと。おそらくわれわれNPOの三人は日々そういうことの連続なんじゃないか。そのなかで実際の地域のマネジメントはよみがえっていくということになるんじゃないかなと思います。ここで重要なことはそれを引っ張っていくリーダーシップ。それがないことにはこのマネジメントは動かない。

確かに俺が俺がというリーダーシップも悪くはないと思う。それでまわりを引っ張っていけるし、強制力が働くので、それはそれとして悪いことではないんだけれども、ある一定の限界がきてしまうと思います。より広げるためには、欲望制御型の指導者・リーダーシップ像というのが必要なんだと思います。それはその人の行っていること、また概念を普及させてまわりに行き渡らせる、そんなような形としても有効なのかなと。で、そのリーダーシップとその行われているものが、より連携協力することによってもっと広がっていく。こういう流れ、段階にきているんじゃないかなと思いました。

自分自身今までやってきた実践を振り返ってみると、一九九五年に東京から山梨に移住して、まず自分で最初に農業を始めました。自給農業です。まず自分の家族が食べる分を最初に作ろうと。一年目は一〇〇坪（約三三〇平方メートル）の農地を借りて、次の年は三〇〇坪、さらに翌年は八〇〇坪、さらに一ヘクタール……で、最大規模は二ヘクタールまで拡大しました。そうなると自給以上ですね。自給は確保しつつ、余剰分をまわりの人に販売するということを始めた。それと同時に薪ストーブで暮らしてたもんですから、まず燃料確保のために林業を始めて、そのうち自分の家の分の薪は確保されて、その翌年くらいから、また余剰分を販売するというような農業を始めていきました。それが一九九五年から二〇〇〇年までの五年間、楽しみながらやっていました。

そういうことをしてたらいろんな人が興味を示してきて、関わりができてくるようになりました。そういう時期を見ながら外部に対する仕掛けというんですかね、交流会を始めたり、都市農村交流の関連のイベントを始めたりしました。そういう仕掛けを行いながら徐々にネットワークが大きくなってきた段階で二〇〇一年にＮＰＯ法人「えがおつなげて」を立ち上げました。そのときはまだ個人の農場二ヘクタールと林業は五ヘクタールくらいやっていましたけども、もともと個人農業、林業をやるつもりで移住してきたわけじゃなかったものですから、個人の分をどんどんどん小さくして、ＮＰＯとしての事業に移転をしている最中なんです。いまは個人のマネジメントから、若干、公益というか社会のマネジメントに移そうという段階のことをやっている最中です。今後は、次のマイルストーンを二〇〇八年においてます。おそらく二〇〇八年ぐらいには社会の諸々の課題が噴出するだろうと思ってまして。たとえば、中山間地域の荒廃とか、都市部の荒廃とか、また景気後退ですね。あと環境もろもろ。それらが複合要因となって、かなり社会のシステムが不安定なことになってくると思っておりまして、できる限りのセーフティネットを張るための事業を立ち上げたいということを考えております。

それで、柏先生がおっしゃったインキュベーションをいま進めている段階です。二〇〇八年までには三つから五つくらい新たな組織を立ち上げたいと思っております。そのインキュベーションされた組織がいわゆるマネジメント機関になるということかと思います。二〇一五年までには二〇個インキュベーションさせる予定で計画しています。こういう実践のマネジメント、また実践をしながらその時その時の課題を解決するための器をつくりながら、徐々に広げていくということをこれまでやってきましたし、これからもやっていくつもりです。

福井　一つ質問なんですけど、実際マネジメントしながらインキュベーションの段階だって今おっしゃったんですが、それぞれの地域があるわけで、そこでもともと土着で暮らしてらっしゃる方がいる。それが少子高齢化していって、地域の維持が難しくなっている。そういう人たちとの関係はどういうふうにもっていこうとしてるんですか。

曽根原　やはり基本は実践です。何かを変えるっていうのはなかなか難しいし疲れる。ですからやはり実践というのは重要かなと思うわけです。そんな理由もあって遊休農地の開墾という作業を最初やったということもあります。三ヘクタールぐらい開墾して、実績を見せて、本当にＮＰＯは農業をこの地でやるんだ、こういうのを見せて、地域の人にもこの人たちは危害を与える団体じゃないなぐらいには思われて、徐々に理解を示してくれるようになるんじゃないかなと個人的には思います。ですから地域というよりも、やっぱりまず自分たちが実践をして見せてというところが重要と思います。考えてることはもちろん地域に伝えながら行うんですけれども。

それと一つ補足ですが、われわれのＮＰＯでは都市農村交流が一つのキーワードです。私は社会システム的アプローチとしての都市農村交流と位置づけています。いま中山間地域は課題が多く、また都市もそうですが、社会システムを再構築していかなければならない時期と思いますが、そこにつなげていくためのブレイクスルーとして何がいちばん有効かとずっと考えたんですけれども、都市農村交流は社会システムを生まれ変わらせるために非常に重要なツールなのではないかと考えています。

これは田舎と都市という異質なものが交わりながら、そこから何かが生まれてくるという意味もあるでしょうし、中山間地には人がいない、都市部には人がたくさんいる、その交流から新しい社会システムを生み出していく、ということもある。その結果としてガバナンスが再構築されていくんじゃないか。

超長期的には都市農村交流というのは南北問題の解決の雛形なんじゃないかと考えておりまして、二〇一五年からは南北問題に都市農村交流構造を活用しようと考えております。グリーンツーリズムというと観光のイメージがあるんですけれども、そうではなくて都市と農村が多面的に交流するということが重要。都市農村交流には体験交流、観光交流、労働交流、産業交流、学習交流という五つの交流軸があります。この五つをもって、多面的な社会システム構築につなげて、そのシステムアプローチによって社会を再構築していこうと自分の中では位置づけて活動を行っております。

生態学的レベルで流域を再構築する

飯島　地域課題の違いをっていうことなんだけども、うちの場合はこの場にいるのがふさわしいのかなと。中山間地域ではなく、むしろ大都市圏、首都圏の中に位置しているし、確かに中山間地域みたいなところもあります。人口が増えすぎちゃって困っているところもあるし、その一方で同じ流域の中にもう学校が存続できるかわからないところがある。

ただ私たちの取り組みで一つ大きな、どうしてもこれだけは達成させなければいけない課題というのは、流域全体をカバーする、カバーし続けるということです。二二〇〇平方キロメートルの広大な流域で二八の市町村。いろんな省庁も関わっているような、いわば社会システムによってタテ割り、分断化されている流域という空間を、もう一回生態学的なレベルで、あるいは一つのコミュニティとして、再構成していこうというところがうちの業務なんで、そのための文脈づくりとして、「暮らしの百年計画」がある。これは、昔は普通に確認された生き物で、しかも詩歌に詠まれたり絵画に描かれたり、さまざまなかたちで親しまれ、いわばわれわれの文化の一部に浸透していた生き物たちをもう一回呼び戻していこうということなんです。

たとえば、四〇年後のコウノトリだとか、一〇〇年後のトキですね。あれは森から溜め池、水田、あるいは湖の周辺の蓮田だとか、あと、湖の護岸の植生帯にあって、斜面の木に繋がっていく連続した環境だとか、これら全部が連続したユニットになっていないと取り戻せないですね。これは彼らにとって、生存に必要な環境なんですよ、野生動物の生存も必要。でもそれを実現するためには、それらの場所を、いま社会的にはバラバラになっている森林だとか水田、溜め池、湖沼、場合によっては市街地も入ってくるんですけども、そういったものをつなぐ文脈が必要になってくるんですね。で、それをつなごうという意思が、アサザプロジェクトのさまざまなネットワークにつながってきた。

それを説明するといくらでも細かくなって、たとえば霞ヶ浦の湖岸に二〇年後にヨシ原が広がります。ヨシ原の中に僕の計画図では、アオヤンマっていうヨシ原に生息するトンボがいるんですけれど、そういう質の高いヨシ原になるとすれば、それにはどういう構造が必要か。そういうことが、それぞれの要素にあります。そういう自然がもっている構造や空間的な展開が、それを実現するために、どんな社会的要素の空間配置が必要か。そういう動機づけっていうのは、実はいま森林にしろ、林業にしろ、農業にしろ、あるいは企業の活動にしろ、それと湖を管理している国交省だとか、県だとか、そういったさまざまなセクターに「環境」という言葉が共通のキーワードとして受け入れられますから、それらのものをつなぐ一つの動機づけとしてできます。確かに有効的に機能しているんですよ。今までつながり合わなかったはずのものが、この自然環境の連続性を再生するためにつながっている。

これは可能性ではなくて、これとこれをつなげる可能性はありますかねっていう発想とか議論が生まれてくるのではなくて、自然がもっている構造や構成要素というものを見ていくことによって、それをまた社会的要素に読みかえていくという、違うコードで読みかえてしまうということによって、潜在的なつながりの可能性がいっぱい見えてくるのですよね。実はアサザプロジェクトってそれをやっているんです

人間的な要素、それから人間中心的な発想だとか、それから地域振興にしろ、地域の活性化にしろ、地域というものの捉え方にしろ、地域の文化的な文脈、人間的な文脈だけで読み込んでいっても、たぶん従来の可能性の議論にしか展開できない。むしろ僕らが目を向けなきゃいけないのは、地域にある潜在性で、僕らも気がついていないような全く違う文脈で読み込んでいかないと、浮上してこないような価値だとか意味っていうのは、無限大にあるわけですね。どんな小さな地域でも。潜在性を浮かび上がらせる時に自然、生態学的なアプローチっていうのは非常に有効であると、いろいろやってきて確信しています。それぞれの生息地、ハビタットを細かく、その構造を把握して読み込んでいっても、いろん

なしくみがそこから発生する。

そういう意味では、科学っていうのははずしちゃいけない言葉だと思う。ただし、その科学的な要素だけで読み込みをしていくと、結局は総合化できないし、いわゆる管理の発想しか出てこない。たとえば、科学的・生態学的な視点だけで、あるいは自然保護の発想だけで、生き物たちを呼び戻そうということを考えると、それぞれの場所の管理の手法を議論するだけになると思うんですね。それが従来の自然保護の発想。そこにはいわゆる社会の側からの働きかけっていう要素がぜんぜん抜けていて、さらにその働きかけを生み出す動機づけ、それには欲望も入っていると思うんですけれども、そういった人間的な要素、社会的な要素としての働きかけを生み出す力というのを全然考えてなかった。

働きかけを生み出す力とか要素っていうのをどうやって浮上させていくのか。そこにさっき言った、意外な、全く想定外の結びつきだとか想定外の価値だとかが浮上してくる。うちはＮＥＣなどの企業とも共同で事業していますけれど、企業が従来の企業の戦略の中で展開してきたビジネスモデルだとか、システム管理だとかいったものは、企業という枠の中でのもの。それをいわば社会や生態系と協働する形でのシステム開発とか技術開発に替えていくことができる。それをつくり上げる文脈として生態系との重なり、そういったものを位置づけていく。社会にそれを展開することで、自分たちの技術の新たな可能性を広げていく。そういう役割を果たす主体がいるのかなと。それは自分がやってきてそういうことを非常に実感しているのですけども、まあ理由をつければ何とでも言えることで。

先はわかりませんが、少なくとも自分たちが行っているアサザプロジェクトというプロジェクトの可能性を追求するのだけのようなことはしたくない。つながりが生まれ新しい発想や展開の中でさまざまな価値が浮上していく。潜在性のほうに目を向けていく。やっぱりなりゆきの部分というのは大事にしなければいけない。なりゆきでやっているだけで、そのうちNPOなんて必要なくなるかもしれない。そんな感じです。

人が場を求め始めた

関原　NPOの正体というのを常々考えてました。これからお話しさせていただくキーワードが「臨場感」。それから「臨場感による共有性と共時性」。「問題に取り組むという臨場感」。そして、その場にいるということで「臨在者」。「臨在者」に対置されるのが「俯瞰者」。そのようなキーワードで話したいと思います。で、このごろ「臨場感」という言葉が鍵になり頭から離れないわけですね。うちは小さなNPOなんですけども、そういうのを二つ三つやってきて思ったのは、「NPOのミッション」とか「NPOの使命」とか言われますよね。でも「NPOの正体」とはあんまりいわない。私、「NPOの正体」を考えてみたんです。それで私なりに思ったのが、「ミッションを達成するという目的のためにつくられるコミュニティそのもの」が、どうも「ＮＰＯの正体」なのではないか？　だから、ミッションは目的じゃなく道具になっていますね。実はコミュニティそのものを欲しているんではないか、ということです。

で、なぜそのように思うかというと、五感共有性のあるコミュニティの喪失がここ数十年で、ものすごい勢いで起こった。それは、今日が雨なら雨だと同じように言えるような近接するコミュニティ、それがどんどん消えていくんですよね。消えてゆく特徴的な例は、いまや中山間地域も含めて起こっている市町村の広域合併で、これでいよいよ大なになに市とかいって喜んでますが、実際大きい行政とか国とか世界とかいう、よくわからない概念のコミュニティしか残らなくなる。さわれる、ふれられるコミュニティが消える。そうすると、個は帰属性や臨場感のない抽象概念の中で凍結するしかなくなってくる。これだと、とてもじゃないけどいられないなという感じがして、人が「場」を求め始めたのではないかということです。つまり、臨場感をもって、共有性があって、共時性があって、臨在できる場、五感で感覚できる場。これを現代の人間が求めたんではなかろうかなと、そんな気がします。

振り返ってみると、現在、普段自分たちでどれほどのコミュニティに所属しているかというと数はたいへん少ない。千賀先生がおっしゃられたように、今はだんだんそういうのがなくなって、昔は通学団があったりだとか、家庭があったりだとか、お祭りの準備をしたりだとかしてましたけど、全部消えていくんですよね。最後に残るのは何もなくなってきていて、部分機能のコミュニティしか残らない。学校は学ぶだけ、塾はプラスアルファ何か、家庭はお父さんとお母さんが仲悪い(笑)。そういうふうに分断機能化されたコミュニティはあるんですけども、人間を総合化させた上で対等に機能させるコミュニティは消えた。この喪失というのはものすごく重いものなんじゃないでしょうか。終身雇用制の崩壊というのは、悪弊もあったにせよ会社がもっていた家族的コミュニティの喪失なんですよね。それで、今後もう会社にもそれを期待できない。さらに不況に追い討ちをかけられるわけです。

そうすると、臨場感のある場で、共有性をもてるようなコミュニティがあまりにも欠損している。コミュニティ難民みたいですね。そこにちょうどよく公共的な社会問題というお題が出てきたわけですね。それでＮＰＯ法もできたことだし、みたいな感じでやっていく。だから、うちのＮＰＯも、老人介護でも、川のゴミ拾いでも、森林ボランティアでも、もしかしたら何でもよかったのかもしれない。要は、そういうもののために集う、問題に直面しながら同じ臨場感を共有し集う場そのものが欲しかったんじゃないだろうかという気がしました。

それで、これはなんでそういうことを言うかというと、昔は個が地表のある点にいて、天という上位概念が逆円錐に広がっていたわけで、個人の上に部族的なものがあったり、小さな国の連合国家みたいなのがあって、臨場感ある共同体から重層的に広がりが連続してました。それで点としての個は天に上昇しようと運動します。天は初期には神の領域でしょうし、最近ではイデオロギーや経済機能になったりしてますが、現在はグローバル・スタンダードと言い換えてもいいと思うんですけども、天に届こうとする行為というのはなんだったかというと、ある意味均一性の達成だったんですね。つまり、貧しいものは豊かに、遠いところも近くしたいなどなどです。ところが均一性に届いちゃうと、誰もかれも差がなくなってきて（本当は差だらけですが）熱的平衡死みたいになっているわけです（メディアによる平均化幻想の植えつけの影響も大ですが）。

ですので、いま、個が天に届いてしまったというなかでの文化の熱的平衡死というのはどう変えればいいのかと考えたら、グローバル・スタンダードとやらを今や最低位に位置づけるという逆転作業が必要です。だってグローバル・スタンダードこそ相当あやしいじゃないですか、オゾンホールから地球を守りましょうというのはスタンダードになっているのですが、武器でひとを殺してはいけませんというのはいまだにスタンダードになっていないですね。つまり、都合でどうにでも変わるスタンダード、あやうい幻想です。そして国家。国もあやういですね。これらのかたちはいつも陽炎のように揺らぐんです。最大公約数的な上位概念のように言われますが、非常に揺らぐんです。私は日本という国は実際俯瞰して見たことないし、本当にあるのかどうかわからない。で、新潟県っていうのも全体を実際に見たことがないんで本当にあるのかわからない（笑）。どうやら見たことがあるのはものすごい近所だけ。で、そういう陽炎のような部分は、ぼんやり概念で結構あいまいに共有できるので、むしろ下位の基礎部分としましょうということです。

だけれども、私が触れるもの、あるいは私とあなたが同時に見られるものみたいな部分は、これはリアルで臨場感があり独自なものなわけです。そこでこのような臨場感のある場を上位に位置づけ直すこと、つまり昔は点から望む逆円錐形の世界だったものを、ひっくり返して天を下位に置いてリアルな臨場の場を上位にする正立円錐にして考える、というのが重要だと思います。もちろん頂点には個が来ますけども。逆円錐では個は天で交わってみんな均一になるのと正反対で、正立円錐は突き出た頂上が独自にいっぱいある状況になります。これは差異化を再び行うということで、再差異化と自分じゃ勝手に言ってるんですけども、そういうことをやって、たとえば新潟のいち地方の、これまた谷筋一本違うだけでも「違い」があるんだというふうに考える。そういう再差異化をしないといけないだろうと思います。

で、今や日本中どこもただの日本みたいな均一性を打ち破るにはどうしたらいいかというと簡単なんですね。フォーカスすることでいい。俯瞰的な目でみるから表面のざらつきは見えないだけで、見える目を電子顕微鏡に変えれば紙の表面なんて差異だらけなんです。だからもう一度地域文化の中に強いフォーカスをするということで、違いをはっきりさせていこうということです。違いの発見から始めないと地域や田舎が十把ひとからげになってダンピングの対象になります。そしてそれら差異化の頂点には個たちがあるんですが、やはり個そのものの力量自体が差異化してないと、その個に付属している、あるいは共有しているコミュニティもなかなか差異化は起こらない。だから個力をどうつくればよいのかということが最終のお題になります。私も含めてです。

さて、地域各個の臨場する事象にフォーカスし、均一性のぬるい死から再差異化するということですが、さっき千賀先生がおっしゃっていたように、かつて地域に色んなコミュニティリーダー育成のしくみがあったのを、われわれはある時から「因習」という言葉でひとくくりに呼んでしまいました。因習というのは、非常に均一化したものさしから俯瞰した一面的評価の言語ですね。グローバル・スタンダード的なものさしです。

そうじゃなくて、もっとフォーカスしていくと、「因習」なんていう乱暴な言葉じゃなくて、非常に複雑で高度なコミュニケーションシステムが見えてくるはずです。そういうことをやらなくなったんです。だからどんどん俯瞰者になりつつある。グローバルスタンダードが上位の概念ということは、ある意味みんな俯瞰者の視線（バーチャル）になるということです。そして俯瞰者はリアルなコミュニティを喪失し、どんどん孤独になっていきます。臨在する「場」がないから俯瞰するしかないのです。しかし偉そうに俯瞰して評論してても個は個のまま、やっぱりさびしい。そこで臨在できるコミュニティがほしい。血族や地縁性に拘泥されず土地に臨在できるものは？　そうですNPOなんですね。少なくともその可能性があったんですね。

さて、では現実のコミュニティとしての、うちのNPOと地域との関係なんですが、これも俯瞰的には関係していないことがわかります。よく見てみると村人各個も、ある一〇人、あるいは二〇人くらいの知り合いの関係性の世界が「村」なのです。それで一つの関係性のあるトランプのカード一枚をかたちづくっています。村全体で共有するものは土地景観や自然であって、そのベースの上に各個違う関係性の絵柄がつくられます。村全体で関係性など共有していないんです。

たとえばAさんの親戚は五軒、そことの行き来は多いけれども、他は名前を知ってるだけ、通常はその五軒だけでAさんにとっての一つの「村」世界をつくっています。そういう各個違う関係性のトランプみたいなものが数十枚も重なっているわけです。その中のたった一枚のカードとしてNPOが入っているだけです。ただし私が面白いと思うのは、NPOの特徴としてどこにでも顔を出しますので、AさんもBさんもNPOのことを知る機会が多いんですね。そんなわけで誰のトランプのカードにも端っこにちょっとずつNPOの部分が存在するみたいな感じになっていきつつあるわけです。もちろん全部というには程遠いですが。

そうすると、いままで相互性がなく重なったトランプのような関係性に、トランプ同士を結ぶ小さな糸の通し穴が少しできてきたんですね。こういうのがまずＮＰＯの機能として現れたということです。それぐらい断絶していたんですね、村人そのものがもっていたコミュニティも。でもそれは普通なことで、外の人が俯瞰してみるから村が一体となって見えるけど、実際は違います。

その次に、たとえばいままで谷筋の町内会同士で結構仲が悪かったとする。たとえばうちの町内の橋より、なんで隣が先なんだということや、先にうちの町内の道を舗装しろとかいう話があったわけです。で、そこの枠をなかなか出られなかったんですけども、そこの各町内会からＮＰＯの理事が出たり、ＮＰＯ事業の責任者が出ることで、谷全体のことはＮＰＯで話せばいい、個別の町内のことはいままでの町内会でやればいいということで、自治の二重構造みたいなものが見えてきたわけです。まだ萌芽ですが、強制がなくゆるやかにかぶさる傘のような自治機能です。これはいままで谷筋全体はもっていなかった機能ですね。だから、広い視野での未来語りはＮＰＯでやればいいじゃないかという場ができたんですね。そこは未来のことをしゃべってもいい場だった。村全体の未来のことをしゃべってもそれが許される、実現が夢物語ではないかも知れない場の出現というのが非常に重要です。しかも行政相手の陳情の場じゃなくて恒常的な場です。

このように緩やかな自治の傘が存在できるのは、その土地に臨場して五感で感知するものが近しいからです。この臨場感の共有性がないと、理屈だけでは「傘」はつくれません。

たとえば、横畑集落というところにアンズを植えたい。花が咲けばきれいだろうなと思った。それをなんで植えるのっていうと、植えようと思ったから。じゃあ、植えようと思わせたのは何かというと、やっぱり場の力だと思うんです。植えようと思わせる臨場感のある場。それを人に話をすると、割とみんな似たようなことを考えているわけです。そういう人間も含めた臨場感の共有というのは、互いに想い描く未来もそんなに違わないんですね。これは面白いなという気がしています。

私は日本ぐらい豊饒な自然と均一性の社会で、まったりやった歴史の国はないと思います。つまり、一回行き着くところまで均一性をやったことがある国。いろんなこともやりましたよね、鎖国も軍国主義も民主主義も。そういう国じゃないと弱い力の美がスタンダードにならないんじゃないかな。でも示唆的なのは、宮沢賢治の『農業芸術論』の中の予言めいた言葉で、「最終的には美が新しい価値基準となっていく」という文節があるんです。その文脈は案外、ロマンティシズムだけじゃないんじゃないかなと思っています。

最後にまとめますと、「臨場感」、「共有性」、「共時性」によるコミュニティそのものがNPOの正体ではないかということと、そこにはやっぱり臨在者がいるということ。俯瞰者ではない臨在者の文化が再差異化の中からもう一度つくられつつあるのではないかということ。ただし、うちのNPOはどうかというと、あんまり立派になることはないと思ってます（笑）。むしろ、ありえないような、こんな村とか、理想か、空想か、場合によってはドンキホーテ的なことを、まず言ってみる。でも一所懸命ドンキホーテ的なことをやって笑われている方が、四年ぐらいしたら人が来てくれるんじゃないかという気はしますね。だから、立派という名の標準化をされない方がいいんじゃないかという気がこのごろしてまして、そんなことになったら宗教になっちゃうんですね。そこをさっき言ったような「美」をうまく捉えて、柔らかく変わっていく、というのが重要だろうと思います。

ＮＰＯとサステナビリティと地域システム

白石　僕は今回の原稿を依頼されたときに、三つぐらいのことを書かないといけないと思っていたんです。その順番をどうしようかと迷って、まだできていなかったんですが、今日の話を聞いていたら、なんとなく順番は決まりました。一つは、「どうしてＮＰＯなのか？」とか「ＮＰＯって何なのか」という部分を、今のみなさんのお話にスポットを当てられるような形で書けないかなと思いました。二つ目は、ＮＰＯはどうして必要なのかという話をするときに、サステナビリティをどう考えていくのかというのが、重要な柱になるということ。そして最後に千賀先生が地域システムをどう構築していくのかが、地域生存にとても重要なんだという言い方をされていて、僕はシステム論的な言い方をしたことはあまりないんですが、それをあえて地域システムの構築と考えたときに、ＮＰＯやサステナビリティの話がどう関連するかなと、そんな順番で書こうという気になりました。

NPOは非営利の組織といわれますが、法人形態は実は各国の歴史によって非常に多様で、NPOはアメリカの名称であって、それぞれの国でもっと捉え方の広い非営利・非政府の組織の定義があります。アメリカでは、非営利（Non Profit）、つまり自分は何なんだではなく、自分はこうじゃないんだという否定型で自分たちを定義するわけです。だから非営利で非政府であるというものが何を実現していくものなのかが、自ずから見えてくるわけではない。そこが非常に大きな問題だと私は思ったわけです。多様な非営利・非政府組織の定義が各国にある中で、やっぱりある種の事業性をもった部分が注目されながら、コミュニティだとか事業だとかそういうことをキーワードにして、収斂してきているような雰囲気がここ一〇年間ぐらいあったんですね。たとえば事業型NPOだとか、あるいはコミュニティビジネスだとか社会的企業もそうです。あるいは、協同組合の原則が変わって、組合員以外の人たちに対するコミュニティサービスみたいなこともやるべきだっていうことが議論になったり。事業型の非営利・非政府組織がここ一〇年ぐらいの間にいろいろなかたちで出てきて、それぞれがやっていることがずいぶん重なってきているような気がします。僕自身がいちばん書きたかったことは、もう一度原点に戻ってほしいということですね。

NPOじゃなきゃできないことって何なんだ、考え方が柔軟な企業や個人たちだったらその仕事がやれるんじゃないか。非営利・非政府でないとやれないものは何なんだということを、もう一回考えないと、単に準政府セクター、準企業セクターになってしまう。たとえば、いまから一五年くらい前、アメリカでＮＰＯがコミュニティ開発をやってたときに、事業がしっかり制度化されお金もたくさん政府から出てくるようになって、論争が巻き起こったんですね。つまり、地域の人々の参加と関与を進めていくことと、コミュニティビジネスのプロジェクトを進めていくことが一つの組織で両立するのか。現状見てたら全然両立していないという批判が出てきてたんですね。イタリアの社会的協同組合の場合も同じで、一九九〇年代の発足当初はアマチュアの構成員が多いんですね。ところが事業化を進めていくと、専門家の構成員が増えていく。事業性を高めていくがゆえに、アマチュア性だとか、地域の人々に参加を促したり、関与をもたらしたりするような、そういった部分が削られていく。本来ＮＰＯのもっているアマチュア臭さは地域の人々との結びつきを大事にしていく。地域の人たちの関与をもたらすことがＮＰＯの特徴だったんだけども、みんなが企業や政府の代替物を捜し求めるがゆえに、ＮＰＯがそちらの方にシフトしてきてしまったところがあるのではないか。そういう意味では、地域の関与を促すようなアマチュア的な要素をＮＰＯは重要にしなければいけないと思ったんです。

なぜかというと、二点目のサステナビリティの話が出てくるんですね。これまでの社会では、市場経済を中心とするモデルに対して、サステナビリティを確保するためには経済を抑制しなくてはいけないという考え方があった。ところが抑制すれば、経済成長の停滞、社会の混乱を招くという批判があった。しかし、これは根拠のない考え方だと思うんですね。サステナビリティをカルチャーの問題にするのではなくて、本当に実現させていこうとしたら、その一つひとつにいっぱい迂回路を設けてあげればいい。本来もっと多元的な経済があるんですね。たとえば、地域や社会が停滞したときに、個々人の思いやエネルギーが社会に現れるようなバイパス回路をつくってあげればいいんですね。NPOの社会的存在というのはそういうところにあると思います。NPOがあれば、経済が低下して、政治・行政が混乱しても、地域の社会はみんな信頼しあって元気にやってる状態もあり得ると思うんですね。「市場経済こそが運命共同体」という図を描かなくてもすむようにしてあげれば、サステナビリティという用語が現実味を帯びると思う。そのためには、可変性だとか、バイパスだとか、そういうものがいる。いずれにしても、NPO的なものと関与していかないと、これはつくれない。

三つ目に地域システムの話をします。地域システムは、大きく分けて経済のサブシステム、政治・行政のサブシステム、社会のサブシステムの三つで構成されるという考え方で言います。二つ大きな問題があると思います。一つはサブシステム間のアンバランス。政治・行政のサブシステムが肥大化しすぎている実情がある。だからそのアンバランスを是正しないと地域システムは構築できないと僕は思っています。もう一つは、サブシステムの機能の重なり合いがどんどん減ってきていること。システムとして独立していく方向に、サブシステムが運営されてきたんですね。これを、いまもう一回システムを変えろと。そうするとどうなるのかというのが僕の大きな問題意識です。結局のところはシステム間のアンバランスを、サブシステムが重なり合うようにしながら、改装していく必要があるわけですね。サブシステムの管理者、地域のシステム管理者がどういう人たちなのかというのを考えないといけないですね。

そこで、ＮＰＯはマルチパートナーシップを意識しないとだめだろう。地域システムを構築していこうと思ったら、そこは多様な人たちがテーブルについて話し合いをしていくというスタイルのパートナーシップが必要。今日も三つの事例を聞いていると、まさにマルチパートナーシップを体現なされている。重層的に重なりあった有機的な関係性の中でしかサステナビリティと地域システムは生まれない。ですから、ＮＰＯには、整合性を図ってマルチパートナーシップ組んでいくような役割を担ってもらえたらと思います。

ＮＰＯの機能と役割

飯島　今、アサザプロジェクトでいちばん動いているのは農業と漁業ですね。農協や有機農業団体と新しい事業を始めています。この事業に彼らが参画した動機は有機農産物の市場が飽和状態にあるからです。つまり、売り先が見つからない。だから、新しい市場を開拓するために農産物の差別化をしたいわけです。彼らはアサザ基金と組むことで農産物を差別化し、新しい市場が生み出せるかもしれないと考えたわけです。きっかけをつくったのは外来魚の駆除事業でした。霞ヶ浦では外来魚が増えて漁連が困っている。そこで、外来魚を漁連に獲ってもらい、獲った外来魚を買い上げて魚粉に加工して、流域の農業で魚粉を肥料に活用した農産物生産をするという循環型事業をつくろうと提案したわけです。霞ヶ浦再生という物語性のある農産物、つまり、霞ヶ浦再生のビジョンと連携した農産物を売り出して新しい市場を開拓していこうというものです。

行政でも似たような展開が可能です。行政はタテ割りで自己完結型ですから、新しい展開がなかなか実現できない。それではまずい、もっと多面的な機能をもった波及効果のある事業を行なっていくべきだという人達が行政組織の中にもいます。でも、制度的には公共事業の限界は簡単には越えられない。そこで、行政外部の組織たとえばＮＰＯとうまく組んで実現する方法はないかということになる。その具体例が、霞ヶ浦で二〇〇〇年から行った大規模な自然再生事業です。この公共事業ではいくつもの新しい展開があったのですが、その一つが、湖での工事に流域の森林を手入れしたときに発生する間伐材を使って消波堤を設置する提案でした。これによって、流域の森林の手入れが広域で実現しました。さらに、雇用の創出にもつながりました。手入れを行なった森林では生態学的な調査も行ないました。湖と流域の森林が同時に再生するしくみができたわけです。それはもちろん国交省だけではできない。森林を管轄するのは林野庁や県ですから。国交省の管轄は湖の中だけです。

自己完結型の取り組みの限界は、あらゆる分野で見えている。タテ割りの現状からなんとか抜け出したいという思いはみなにあると思いますよ。アサザ基金の事務所には霞が関の役人もよく来ます。また、省庁内での勉強会に講師で呼ばれることも多いです。企業や研究機関の人たちも相談に来ます。それらの人達は口をそろえたようにみんな行き詰っていると言う。みんな出口を探しているんですね。そんな世間の様子が事務所にいても手に取るようにわかる。

つまり、近代化を突き進んできたのとは別の文脈をみんな求めているんですよ。僕は別の文脈が日常の中にあると考えています。日常の文脈の中で、専門分化したものを日常言語に読み直しながら、つながりをつくり組み立てるということができないか。科学知と生活知の協働です。日常の文脈の中で専門分化したものを読み直して組み立てる能力というのは、これも専門的な能力といえるでしょう。ＮＰＯはその道のプロになるべきです。これも具体例を一つあげると、「宇宙からカエルを見つめる」という事業があります。これは宇宙開発の研究機関と協働で行っている、霞ヶ浦流域全体に分散している水源地の状況を把握することに挑戦する事業です。もちろん、今まで実現できなかった事業です。霞ヶ浦流域の小学校の総合学習と連携して、流域の水源地で湧き水のある田んぼや湿地に産卵するアカガエルを宇宙から見つけようというものです。アカガエルが生息できる水源地はどこにあるのか、どのくらいあるのか。耕作が放棄されて荒れている水源地はどのくらいあるのか。流域全体で見ていくシステムをつくるわけです。人々が宇宙からの目をもつことで、流域という広大な空間を日常化し、コミュニティとして意識できるようにしたいわけです。ちょっとばかばかしい感じもして、なんともいえないおもしろさがあるでしょう（笑）。

NECとの協働事業も日常の文脈の中で先端技術の読み直しを行なっているわけです。学校での総合学習のプログラム展開に合わせて、NECの開発している技術を展開するというアイデアです。子供達が学区内のカエルやトンボの移動経路を想定して、ハビタット（生息環境）ごとに環境センサーを取りつけていくという計画です。身体図式の拡張を生き物と一緒に行うわけです。流域の各小学校で子供たちが地域の人達と一緒にセンサーを設置してネットワークをつくれば、いままでにない説得力のあるデータが取れるに違いない。コミュニティ機能を活かして管理できる広域システムにもなる。コミュニティベースでの学習プログラムを流域全体で行い、その学習展開に合わせてセンサーネットワークを構築していくという考えです。これが実現すれば、流域全体の環境をつねに監視できる流域管理システムが構築できます。巨大なコンピュータでも、専門家でも実現できなかった広がりと連続性のあるデータが継続して取れるようになる。企業の枠組みの中での技術開発から、地域の人々の日常と協働する、地域に展開する技術開発へと発想を転換すると、企業の可能性が大きく広がるはずです。こんなビジョンを企業に示していけば、やってみたい企業も出てくる。おのずと道は開けてくるものです。

白石　出口はみんな困っているという話がありますが、どこでも出口があれば飛びつくかというとそうではない。うまい話はだめ。みなさんの話を聞いていて、子供や青少年が関与できるというのは誰もが文句を言えないことと思いました。

みなさん夢とか物語とかいろいろな言葉を出して語られていましたが、素人の言葉でサステナビリティを語るのが大事。サステナビリティとは次の世代にどういうものを渡すかということだと思います。次の世代に対して責任を果たしているかという質問がきくと思う、みんな果たしていないと思っているから。次の世代に何を渡すかという意味では、みなさんぐうの音も出ないことをやっているから感心している。

関原　さっき飯島さんが言っていた自然の構造が社会構造に反映されているっていう言葉にしびれたんですけども。サステナビリティという言葉に主語をつけるとしたら、何のサスティナビリティと捉えるべきか。とりあえずＮＰＯの話だったらどうか。つくったコミュニティがサステナビリティをもっとはどういうことか。サステナビリティって単一存在が連続しているものって思われるけれども、ＮＰＯはそうではない。ＮＰＯの特徴は多産性なんですよ。一つのものを大事に育てるんじゃなくて、かなり乱暴に生み育てる。育たないものもあるけれど場にあったものは生き残っていくんですね。それで、残ったやつは引き続き産んでいく。コミュニティがいっぱい生まれ、関わりもそれに応じて多くなる。
NPOのもう一つのサステナビリティの正体は変態性。メタモルフォーゼし続けること。つまりNPOの本質は多産性と変態性。やはり自然の構造が社会システムに反映されているなあと。親ガエルがいっぱい卵を産んで、オタマジャクシがかえり、オタマジャクシはカエルになるじゃないですか。単一のものを維持していくっていうのじゃなく、変わり続けて存在していけるか、あるいはたくさん出産していくことが可能かということ。これもサステナビリティの中に入れた方がよかろうという気がしました。

曽根原　私はサステナビリティはあまり好きな言葉ではなくて、それは結果だと思います。結果としてサステナビリティが生まれてくる。原因じゃない。結果ですからほかに原因がある。NPOのサステナビリティを担保するには何が必要か。それは二つあって、一つがいかに自己組織化の内的動機づけによって動いていくか。もう一つはエントロピーの増大をいかに防ぐか。自己組織化がむやみに進むとエントロピーが増大するから。この二つの要件がNPOのサステナビリティを担保するんだろうと思う。
今の時代にNPOが出てきたのは結果論と出発論があると思っています。私のいう「結果論型NPO」とは状況対応型のNPOということです。また、「出発論型NPO」とは、NPOの方から新しい価値観とその実現システムを社会に提示して、そこへ参加してくる人々や組織を、新しい事業に向けてコーディネートしてゆくNPOということです。どちらも重要です。結果論のほうは今の社会の行きづまり。

その結果こういう存在が出てこざるを得なかった。それがＮＰＯの三つのパターンで現れているのだと思います。一つ目は非営利のマネジメント機関。それはいわゆる事業型組織といわれるものかもしれません。二つ目は非営利のネットワーク機関。三つ目は関原さんの志向だと思うんですが、非営利のガバナンス機関。またその三つのパターンの活動の結果として、コミュニティとか経済とか場合によっては政治とかの分野で社会的機能を模索し始めてきてるんじゃないかなと思います。それがＮＰＯの結果論。

もう一方でＮＰＯの出発論があるのではないかと思っています。私は二〇五〇年くらいの社会の教科書を見ると、年表には「二〇三〇年には市民社会始まる」と書いてあるんじゃないかと想像しています。その導入機関としてＮＰＯがあるんじゃないか、市民社会実現の人材のゆりかごとしてＮＰＯが存在しているというのが出発論。それが、結果論の動きとあいまって、マネジメントしたりネットワークを結んだりガバナンスをしたりとかいう動きになっているように思います。私はこのままいくと二〇二五ごろ人類の存続がかなり厳しい状況になるんじゃないかと勝手に思っていますが、そうならないようにＮＰＯが結果論と出発論の両サイドを担っているとも思います。

千賀　私はさっき、価値観が変わらないといけないといいました。一人ひとりの生活にかかわる価値観について、それぞれのＮＰＯはどんな役割を果たしていて、また果たしていけると考えていますか。

飯島　価値というのはやっぱりつねに生み出していくものだと思います。環境問題とか地域の問題っていうのは、従来の手法では全く解決できない問題ばかりです。従来の手法というのはいわゆる問題解決型ですね。そうではなくて、価値創造的な取り組みがどんな分野でも求められているように思います。価値というのは結びつきの連鎖から生まれてくるものです。つまり、動的なネットワークの中から浮上してくる。これまでの取り組みを全て価値創造型の取り組みへと変換していきたいですね。それには、地域に新たな結びつきをつくりながら、一つひとつの取り組みをしっかりと実現させていくしかない。具体的な取り組みが一つひとつ実現していくことで、価値のネットワークが社会に広がっていく。それは、単なる人や組織のネットワークではなく、価値によって生成する動的なネットワークです。価値が広がり人々に共有されることで、自然のネットワークに重なる社会のネットワークが生まれてくると思います。社会に広がるネットワークはそれぞれの人々の心の中に、里山の風景であったり、メダカが泳ぐ小川であったり、アサザが咲き乱れる水辺であったり、自然の姿として描かれていくわけです。

やはり日常的な言葉やイメージで表現できないと価値というものは広がっていかない。価値というものをどう理論的に構築できるのか、そのシステムをどうつくればいいのかとかといった議論だけでは、当然価値は生まれてこない。価値が生まれ、そして社会に浸透し広がっていくために必要なのは、しくみではなく「様式」だと思います。NPOはその様式を日常の言葉で精緻に構築する能力がないといい仕事ができない。科学的な言語や専門的な言語を使って論理的に組み立てていく領域はあっても、日常的な言語を使って精緻な構築物をつくり上げていくという領域はいままでなかったと思います。それには新しい発想が必要です。だから、ＮＰＯの分野も新しい専門領域と言えるでしょう。そういう目でＮＰＯを見ていったほうがいいかもしれない。

福井　美しい姿、それに対する感謝とかそういうものは視野に入っているんですか。

飯島　感謝っていう言葉は今は直接には出てこないと思う。感謝という言葉が生まれてくるにはプロセスがあると思う。まず、その土地が自分の体の延長にあるのかどうか。身体図式の拡張という言葉もあるが、昔の人たちにとっては、地元の川だとか里山は自分の体の一部だったでしょう。そういうつながりを自分の地域に対して感じないと、感謝と言う言葉も出てこないと思う。でも、今はそのようなつながりや、体の延長といった感覚が失われている。だから、まずはそのような感覚を取り戻す必要がある。それには科学知も必要になる。今は物語性だけでは感覚は取り戻せないと思う。生物の生態や地域の環境の成り立ちといったものを学びながら、別の目でもう一度地域を読み直していく作業が必要になる。特に子供たちには必要だと思う。そこに専門家が地域にどのように関わっていけばいいのかというヒントも見えてくると思う。

今の人間はそういうプロセスを経て始めて、土地に対して地に足が付いた感謝とか祈りをもつことができるんじゃないかと思う。自分としては、やはりいきなり「感謝」とか言いたくない気持ちがどこかにありますね。

中山間地域のもつ可能性

白石　僕は今まで都市のことをやってきて必ずしも中山間地域のことは関心もってやってこなかったんですが、ただささほどから言っていたように新しい価値をつくっていこうとか、サステナビリティをどういうものとして描こうかということに、かつて中山間地農村がもっていた経験が、経済がって言われても都会で暮らしていてモノを買う生活をしてる人にはぴんとこないわけでしょう。ところがいろんなサブシステムが重なり合ったり経済は一つのしくみだけじゃないはずだ、という言い方をされたとき、都会で議論するよりも、むしろ中山間地域での方が記憶なり何なりいろいろな議論ができる。ただその時に、やはり言葉のマジックみたいなのがあって、それを土着的な言葉で言い換えていくのは僕は苦手でよくわからないんだけど。中山間地域は普通の経済学の分野では、困難だ大変だとか未来がないという描かれ方をするエリアでしょ。問題を解決されるべき地域でしょ。ところが、みなさんがいうのを聞くと未来性があると聞こえる。

飯島　地域というのは個々の人格が機能する場なんだと思います。だから、地域で農家や漁師、商店の人や企業の人や小学生と話しているうちにさまざまなつながりのイメージが浮かんでくる。地域の人達とつき合っているうちに自然にいろいろなものがつながっていくんですよ、自然に。だから僕はつねに現場の人と会って話をしていますね。それを積み重ねていけば、おのずと総合化が起こってくるような気がする。つまり、個々の人格が機能するネットワークによって総合化は起こるんだと思う。そんなこと起こるはずないって言われるかもしれないけど、でもこれはプロジェクトをやってきて実感したことですから。さっきまで子供たちと話して、その後は漁連の会長と話して、一日のうちに企業の人や行政の人や研究者や子供といった感じで、いろんな人と会うわけですから楽しいですよ。その人たちと会って話していると一人ひとりの多様な人格を通してさまざまなキーワードが浮かび上がってくる。大きなつながりが見えてきます。

それと、さっき話題に上がった地域のリーダー像ですね。僕はこれからのリーダーは個々の人格を機能させる能力をもつ人だと思う。すごいカリスマ性があるとか強烈なスローガンでみなを引っ張って行くピラミッド型社会のリーダー像とは違う。これからのネットワーク型社会でのリーダーは、カオスを受け入れながら、全体に向かって自分を開いていくことができる人で、動的なネットワークの中で個々の人格が機能する場をさり気なくつくっていくことができる、上手に目立たない人だと思う。個々の人格の中で総合化が起きるような地域や社会を展望できる人ですね。だから、多様性を自分の生き方の中にきちんと受け入ていくことができるリーダーです。そういう感性を持った人達がそのうち増えてくると思う。何十年もしたら、ここで議論していることなんかつまらない話になっているかもしれない（笑）。

関原　ＮＰＯが面白いのは、個人が映る鏡みたいな機能があるところ。部分機能だけのコミュニティは自己を映さないでスルーするんですよ。臨場感のあるコミュニティは自分を映すんですよ。なので個人としての自分が変わっていけるんです。そういう時、臨在しているだけじゃなくて、臨在している自分を俯瞰できるようになる。言い方おかしいですが。そういう機能はなかなか面白いと思う。

科学技術も私大好きで。うちのＮＰＯでいちばん助かっているのは、科学技術のおかげで、都市という場の呪縛から逃れられることができたことです。つまりどんな田舎に入ったって、都市に劣らない情報通信環境がある。あるいは技術によって修繕しやすいとか小さくなるとか。これは恩恵にあずかっている。ここら一〇年で都会という場所の呪縛からようやく解き放たれて、ああよかったなと思えます。衛星通信やりながらエレガントに農耕やったり、そういうのを僕はいいなあと思う。

さっき言った臨場感っていうのは、存在しているものの裏側に死の臨場感ていうのが伴うわけ。人間生まれたときから死から遠ざかるように育てられるじゃないですか。でもゴムの紐が伸びているだけで、ある日、突然ぱーんて、死に引き戻されることを知ってるわけです。そういうふうに究極的に引き裂かれる状態を知りながら生きているわけです。必ず臨場感を持っている場は死を併せ持っている。死そのものであるかも知れない。そうすると祈りって言うのもそうなんだけど、そういう場を身体化するっていうんですか、そういう感覚が起こりますね、このごろね。それとやはり帰還という問題が出てくる。いい田舎は帰還したくなる。帰りつきたいんですよ。都会は死は死のままでホルマリン漬けになる。だけど田舎は死の上に木が生えたり草が生えたりして、永遠に帰るって感じじゃないですか。変動していく自然に再び帰還できるような臨場感をもてる場所は好きになりますね。そこなら住みたいなと思う。

福井　今の話、内山節（哲学者、立教大学教授）さんがこの前言った話と全く同じなんですけれども。彼が言うには、いきいきとした街づくりって言うじゃない。あれがどうもうさん臭い。やはり死を包含していない街づくりってあまりにも浅はかだ。何も魅力を感じない、と。

もう一つ内山さんが言っていたのは、本来あるべき仕組みっていうのは、さっき関原さんがおっしゃったように、おのずと役割が見えてくるということ。臨場感のあるコミュニティの中に全体が見えるって言うのは、要するに自分の位置がどこにあるのか、何をしたらいいのか、おのずとわかる。それを淡々とやっていく世界が村だと。そういうのが今必要なのかな、と。

関原　都会にいると使役されてる自己みたいな感じを受けるでしょ。でも田舎で川や森に触れていると、使役じゃなくて自己化したくなる対象。これはぜんぜん違って、使役って言うのはいやなので。

曽根原　先ほどのサステナビリティの現場として農村がリアリティがあるというのは当然だと私は思っています。やはり農村にある自然資源と人が協調しながら自己組織化していたし。人が生活するとエントロピーはたまるんだけれども、祭りというのは発散するでしょう。時々やることに意味がある。毎日祭りをやっていたら今度は農業できないですからね。農村にはそういうようなことはもともとあったので、結果としてサステナビリティの場としてなじむんですね。都会には自然と人との循環サイクルがないので、やはりホルマリン漬けのようなサイクルしかできない環境だと思います。

先ほどあった価値のこと。私もこれは非常に重要な言葉だと思ってよく考えるんですけれども。価値創造っていうのは重要な視点です。ただし価値というのは、私は相対的な言葉だと思っています。価値に対する絶対的な言葉は、理念だと思います。今話をしていることを、理念と価値に照らし合わせて考えてみると、いかに自然のマネジメント、地球のマネジメントを構築するか、それは理念だと思います。でも、それをいきなり言っても、先ほど白石先生もおっしゃっていたけれども、都会の人はわからなくなっている。理念で言ってわからないなら、価値というものを伝達手段として創造して伝えなければいけない。資本のマネジメントの関係性において、うまい言葉なりコンセプトを創造してあげないと伝わってこないと思うんですよ。

白石　ビジネスモデルっていう言い方をしないと通用しない。

曽根原　そうそうビジネスモデルと言わないとわからなくなってきている。いきなり理念に近づけない状況にある。だから価値創造を相対的な言葉として位置づけ、コピーで位置づけてあげないといけない。でもそういう次元に社会がなってしまっているということだとも思います。理念を言ってももう距離がありすぎてわからないので、うまい言葉を創造して、理念に近づけていくことがいま必要になっているんじゃないかな、と思っています。

飯島 まあ、いずれにせよ人間はいつの時代にも自然を理解しようとしてきたわけですから。自然の美しさも追い続けてきた。それは人間の変わらない営みだと思います。僕は農村でも都市でもそういう営みが今一番必要だと思う。その営みの中から新しい社会システムや価値の創造が始まるでしょうから。その意味では、農村も都市も同じだと思う。つまり、同一平面上にあるわけです。だから、都市を否定したところに農村があるわけではない。これまでどおり都市と農村という対立軸で見ていくだけでは新しい展開は起きません。やはり都市においても自然というものを理解し、自然のしくみを都市のしくみの中に浸透させていく創造的な取り組みが必要です。だから、僕は都市を否定していないし、都市にすごく興味があるし、都市を変えたいと思っています。アサザプロジェクトで展開しているような文脈で、都市も変えていきたい。農村を変えるためには都市を変えないとだめなんです。要するに都市さえも変えてしまう強烈な文脈を農村が持たないと農村も生き返らないということです。農村も都市も、近代化という同じ文脈の中にあるわけですから、その文脈を変えるしかない。

白石 僕もヨーロッパでサステナブルシティが議論になってて論文を書いたこともあるんだけれども、

やはり都市がそれだけでサステナビリティを獲得するのはもともと無理なんだ、という前提があって、都市と農村の連携をどう考えるかというのは必ず出てくるんだと、みなわかってるんですよ。でもそれを誰がどうアプローチするか。今、飯島さんがおっしゃったように都市が変わるというのをもう少し意識して議論してもいいのかもしれないなあ。

飯島　「美」という言葉があったけれども、それでは農村の美、都市の美って何だろうと思うわけです。いま都市の美は、農村の美はどうなっているのか。そう考えていると何か見えてくるような気がする。じゃあ美ってどう定義するのっていう難しい話になるけど。

白石　都市農村交流的なプロジェクト、それって農村の人たちから見たら農村の今までもっていたものの再発見につながっているという書き方を必ずされているわけですよ。逆に都市の人たちの中に農村の人たちが見出すものといえば、やっぱりあんなとこ行くもんじゃないや、みたいな。そういうふうになると交流じゃなくて都市より農村がいい。帰農しましょって話にしかならないでしょう。

飯島　だから都市に美が必要なのだと思います。都市に美を創造することで初めて農村の美も生き返ってくる。交流っていうからには都市と農村の両方を包括して覆ってしまうような美への直感がないといけないと思う。美には普遍性があるから。でも、美はもともとあるものとして、あるいは決まったものとして固定することができないものだと思います。美はつねに営みの中から生成してくるものです。

そうでないと、昔あったけれども、今はないよねという話にしかならない。単純に都市は汚くて農村は美しいんだよねとか、今の農村は美しくなくなった、ということではないと思う。都市も農村も覆う美への直感を取り戻していかないと展望がもてないと思う。だから、農村を考える人たちももっと都市にアプローチしてほしい。

白石 サステナビリティという言葉を定義するときに、環境と経済と社会があって、このうち社会のサステナビリティの定義がとても難しい。最近、社会的正義みたいな言葉に置き換える人もたくさんいるけど、いまのは僕はすごい示唆的だと思ったのね。要するに自分が所属しているリアルな感覚をもてる何らかの場を、現代的に構築しましょう、発見しましょうというのがないといけないと。僕は現代人が社会の中の一人でなくなっていることが最大の問題だと思う。都市農村交流プログラムが成り立つのは、どこかそういうものが農村に行ったらあるんじゃないか、ってみんな思っているから。それは幻想ですよ、都会生まれの。でも、あるかもしれない、つくることもできるんだと思ったときに、都会に帰ったら自分は一人で孤独で社会っていうものは自分と関係のないところにある、つまり自分は社会に疎外されているんだというところから、自分の行動様式をたぶん変えられると思うんですよね。

能力を発揮できる場をつくる

関原　さっき言った潜在力って、田舎でなくて自然がもってる潜在力じゃないでしょうか。人間側さえそのように見ようと思えばどこまででも答えてくる。それが一点。世間がいやらしいのは人間の価値を有用性と無用性に区分してしまうことですよ。二元思考だけの世界は、お前は役に立つ、これは役に立つ、あるいは立たないって決めますよね。都会に来ると、お前は働き悪いから時給下げるとか、ブルーカラーだからお前なんか取り替え可能って言われて滅入りますよね。でも潜在力のある自然って、あれは有用性も無用性も区分ないですからね。ほっとしますよ。

飯島　面白いもんで、いろんな分野で総合化する力をもった人間が必要だって言うんだけれど、総合化する能力ほど実際にもってたら現代社会で抑圧される能力はないですよ。だから、総合化する能力のある人の居場所は現代の社会や組織にはないですよ。それが実態ですよね。そういう人が都市でうらびれて、田舎に帰ると能力がぱっと開花するわけですから、それが農村が有している潜在性だと思う。だからそのような人達の能力が開花する場をつくることが大切なんです。農村はつくりやすいと思う。

千賀　全く同感で、私たちの大学でとりくんでいる21世紀ＣＯＥ「生存科学」プロジェクトも、研究や教育の場で総合化する力をもった人間を育てることを目的にしているのですが、なかなか回りから理解されません。しかし、地域の現場で見聞きしものを考えるスタイルをとってゆくと、おのずと総合力が身についてくる、という、これまでの大学ではなかった変化がＣＯＥをとりくんでいるグループとその範囲に起こっていると思います。

白石　内橋克人（経済評論家）さんが『共生の大地』（岩波新書）という本の中に、経済的な有用性と社会の求める有用性がどんどん乖離していって、それが広がっていってるのが現代だと書いている。つまり、前だったら働くことと社会の役に立つことに重なり合うところがあったけど、いまは言われたように自分が稼ぐことは、必ずしも社会に役に立つことではない。逆に都会というか、あるいは今の市場経済のものさしで計られたときには役に立たないと思ってたけど、中山間地域でもどこでもいいのかもしれないけれども、場がちがったときには社会的に必要な能力を発揮できる。それが自分が有用だと感じる瞬間なのかもしれないけど、そういう発見とか創造みたいなものがあるのが、ＮＰＯのいいところなんだと僕は思うんですよね。

飯島　だから、ＮＰＯはそのような場づくりを目標に、理論的に構築した戦略をもって都市に攻め込んでいくとか、大企業のビジネスモデルとして受け入れさせていくとかして、都市の社会システムの中にどんどん別の文脈を浸透させていけばいいんです。そうやって中から社会の壁を溶かしながら、農村から同一平面上にある都市に向かって場を広げていかないと、農村は逃げ込むだけのシェルターになってしまう。

関原　飯島さんの言った、自然の構造を社会システムに構造還元していくときに媒体になるものが何かないと、自然の構造はいきなり社会システムの中に変容していかないですよ。

白石　みなさんがやってるプロジェクトが、一村一品風の特産物作りの延長線上の運動に見えないのは、全員が都市までを視点に入れてものを言ってるから。それが象徴的だと思うんだよね。たぶんこの本の読者の中には、ここに地域特産の新しい起こし方が書いてあるんだと思って読む人がいると思うんです。だからいま飯島さんが言われたみたいに、世の中のあり方や価値観や優先順位やいろんなものを変えていくことを創造しようとしているという面白さを、事業の中から読み取っていかなかったら、もう端材集めてなんかつくりゃあいいのかみたいな受けとめられ方をされてしまう。

飯島　僕は管理という言葉が嫌い。具体的に言えば、里山にはもともと自然を管理するという発想はないんです。里山の自然は人々が暮らしの中で働きかける対象であっても、管理する対象ではなかった。里山管理とか生態系管理という言葉は、研究者や自然保護団体が使い始めた言葉ですね。つまり、自然と人間を分けて、人間が自然を管理するという欧米的自然観です。一方、里山は自然と人間を一体のものとして捉える日本的自然観から生まれたものですからね。里山管理なんて聞くと、なんか発想が貧困な感じがする。

関原　さっき臨場感て言ったんですが、臨場感は変容するんですよ。したほうがいい。だから飯島さんの未来予測の絵の二〇年後に飛んでる鳥と一〇〇年後に飛んでる鳥と違うじゃないですか。それは何かっていうと、最初に働きかけを受けた臨場感は、最初のコミュニティ創始の時にはもちろん機能してあったでしょうけど、それにまた再働きかけをすることで臨場感を変えていけるんですよね。好ましいものに。自分にとってね。

飯島　本当にそんなにうまい具合に好ましくなるかな。それは調子いいと思うよ。

関原　俺にとっては好ましい。とりあえずやってみる。どれ一つ定点にとどまるものはないしね。止まるってことは死んでるってことなんで。それはない。

ＮＰＯは多産連鎖システム

千賀　今日はホント面白いお話になったんですが、まあこの三人だからできる話っていうのがあるんですね。多くのＮＰＯは右往左往している。五年くらいでつぶれるＮＰＯが多いわけですね。まして、地域との関わりということになると、自分を変えなきゃいけないし、自分のところのＮＰＯの職員も変えなきゃいけない、地域も変えなくてはいけない、あるいは行政も変えなきゃいけない。となるとＮＰＯは相当大変なところなんです。本当にＮＰＯがこれからも続くの？という疑問が次に出てきますね。

かなり特別な能力がないと運営できないんじゃないか。それか、泡のようにできては消えるものか。これはもう数はたくさんありますから。しかし社会の流れは、今の政治・行政・大企業があまりにひどくなるなかで、他方では、市民層の成熟度も格段に高くなっている。ＮＰＯの活躍は必然なんですが、やはり、ＮＰＯリーダーの資質に過度に依存しているところが大きくて、もっと「フツー」のことにならないかと思いますね。

曽根原　それについては、こう考えたらよいのではと思います。おそらく今後五年間の時代のサイクルでは、結果論ＮＰＯが中心だと思います。つまり、社会の個々の矛盾に対処することを中心課題とするＮＰＯです。しかしたぶん今日集まっている三人は出発論のＮＰＯの部分があるので、ポジショニングが違うところがある。つまり、ＮＰＯの側から新しい価値基準や社会システムを提起し、そこへの市民、行政、企業などの参加を促して、社会的事業をマネジメントしてゆく、というのが私のいう「出発論ＮＰＯ」です。その意味でいうと、これからいかに出発論のＮＰＯを育てるかだとも思います。

千賀　なるほど、そういうＮＰＯのあり方は、きわめて創造性に富み、社会をリードしてゆく力をもちますね。そして、新たに切り拓いた地平が、あたりまえの世の中になってゆく。

白石　アメリカのＮＰＯでも、誰々さんたちがつくったとか誰々がリーダーやってるとかやはり立ち上げ期に伝説上の人物って必ずいるんですよ。だからみなさんそれを担ってきた人たちだと思うんですよ。そういうふうにリーダーの名前が前に出てこなくても動いていくようなしくみが広まればいいんだけどね。

関原　飯島さんとこもね、かなり多産的だと思ってます。ぼこぼこアサザ以外の何かが生まれてますよね。曽根原さんところからもさまざまな会社とかできてきている。多産連鎖システム。これは一個だけとか思わない方がいいんですよ。生み続けるみたいな。その生まれたものがＮＰＯとは限らないんですよ。会社だっていいし、学校だっていいし、何でもいいんですけど、大事なのは出てくること。変容し続けること。

白石　その多産がすごく大事だと思ってるのはそういうとこなんですね。それと同時に、この東京農工大学「生存科学」ＣＯＥのプロジェクトの役割はその多産の人たちを交流させること。よくサードセクターということをＮＰＯを含めて外国では言いますけど、セクターなんていうのはたくさん組織が存在したらセクターになるはずがないわけですよ。政府や企業みたいにもともとＮＰＯは存在しなきゃいけないっていう法則ありませんから。ある種のセクターがまとまる前段階として、みなさんがたが横にネットワークつくって横に生み出したり場合によっては人的な交流があったり、そういうのが日本にいちばん欠けていたと思っている。日本でサステナビリティの議論をするときにやはり社会の結びつきの厚みのなさを克服しないとだめだっていつも思ってて、それは結局人的なネットワークだけれども、日本のＮＰＯの人たちは自分のフィールドからなかなか出てこないようなところがあって、ネットワークをつくって全国的なアンブレラ組織をつくることや場合によってはロビーイングやるようなプレッシャーグループになることも含めて、あまりやってこなかった。こうやって話を聞いているとやっぱりみんな共通の話題があってネットワークもつくれて、僕らがセクターになれる可能性があっていいなあと思うな。

福井　今日は具体的な地域にかかわって活動されているＮＰＯリーダーの皆さんの話を中心にして、ＮＰＯの現状から将来の展望にかかわる話にまで、おかげさまでとても魅力的かつ有意義な論議ができました。皆さんどうもありがとうございました。

《著者紹介》

千賀裕太郎（せんが・ゆうたろう）

1948年北海道生まれ

東京大学農学部卒業、農林省農地局、ドイツ連邦共和国食料農林省・ボン大学（研修）、宇都宮大学農学部、東京農工大学農学部を経て、現在、東京農工大学大学院共生科学技術研究院生存科学拠点教授。国土審議会、食料・農業・農村政策審議会、文化審議会の各専門委員、ＮＨＫ中央番組審議会委員などを歴任。日本景観学会副会長。

白石克孝（しらいし・かつたか）

1957年愛知県生まれ

名古屋大学法学部卒業　名古屋大学大学院法学研究科博士課程単位取得退学（法学修士）、名古屋大学法学部助手を経て、龍谷大学法学部教授

柏　雅之（かしわぎ・まさゆき）

1958年福岡県生まれ

北海道大学農学部卒業、東京大学大学院農学系研究科修了（1988年３月、農学博士）、恵泉女学園大学講師、茨城大学助教授、東京農工大学大学院（博士課程）助教授（併任）、バーミンガム大学研究員、ロンドン大学（インペリアル・カレッジ）客員研究員、食料・農業・農村政策審議会専門委員などを経て、現在、茨城大学教授・東京農工大学大学院教授。本年４月１日以降、早稲田大学人間科学学術院教授

福井　隆（ふくい・たかし）

1954年三重県生まれ。

関西大学社会学部社会学科卒業。ジャーディンマセソン（株）などを経てリーフワーク設立（マーケティング・ＭＤ調査、コンサル事務所）。（財）日本グラウンドワーク協会事務局次長、通産省「繊維事業協会」委員、国土交通省北海道局「わが村を美しく」専門委員、日本交通公社「景観を生かした観光資源委員会」委員、都市農山漁村交流活性化機構「農村活性化資源活用委員会」副委員長などを務める。現在、東京農工大学大学院客員教授、地域生存支援有限責任事業組合組合員。

飯島　博（いいじま・ひろし）

1956年長野県生まれ

東京都立目黒高校卒業、農業研究センターを経て1996年まで農業環境技術研究所で非常勤職員、1995年からアサザ基金代表理事（1999年ＮＰＯ法人化）

曽根原久司（そねはら・ひさし）

1961年長野県生まれ。

明治大学政治経済学部卒業、金融機関等の経営コンサルタントを経て、NPO法人えがおつなげて代表理事。山梨大学工学部客員助教授。やまなしコミュニティビジネス推進協議会会長等に至る。

平成15年度都市と農山漁村の共生対流　第１回オーライニッポン大賞ライフスタイル賞を受賞。

関　原剛（せきはら・つよし）

1961年新潟県生まれ。インテリアデザイナーを経て35才でＵターン。協同組合ウッドワーク事務局長として高付加価値杉間伐家具開発と森林ＮＰＯによる産地証明の仕組みを構築。現在、杣事務所代表、協同組合ウッドワーク顧問、ＮＰＯ法人木と遊ぶ研究所（森林ＮＰＯ）代表理事、ＮＰＯ法人かみえちご山里ファン倶楽部（中山間地振興）専務理事など。

生存科学シリーズ　6

風の人・土の人　―地域の生存とＮＰＯ―

２００７年３月３０日　初版発行　　定価（本体１，４００円＋税）

著　者　千賀裕太郎／白石克孝／柏　雅之／福井　隆／
　　　　飯島　博／曽根原久司／関原　剛
企　画　千賀裕太郎
編　集　東京農工大学 生存科学研究拠点
発行人　武内英晴
発行所　公人の友社
　〒112-0002　東京都文京区小石川５－２６－８
　ＴＥＬ０３－３８１１－５７０１
　ＦＡＸ０３－３８１１－５７９５
　Ｅメール　koujin@alpha.ocn.ne.jp
　http://www.e-asu.com/koujin/
印刷所　倉敷印刷株式会社
表紙装画　堀尾正靭

公人の友社のブックレット一覧
（07.3.28現在）

シリーズ「生存科学」
（東京農工大学生存科学研究拠点 企画・編集）

No.2
再生可能エネルギーで地域がかがやく
―地産地消型エネルギー技術―
秋澤淳・長坂研・堀尾正靱・小林久著
1,100円

No.4
地域の生存と社会的企業
―イギリスと日本とのひかくをとおして―
柏雅之・白石克孝・重藤さわ子
1,200円

No.5
地域の生存と農業知財
澁澤　栄／福井　隆／正林真之
1,000円

No.6
風の人・土の人
―地域の生存とＮＰＯ―
千賀裕太郎・白石克孝・柏雅之・福井隆・飯島博・曽根原久司・関原剛
1,400円

「地方自治ジャーナル」ブックレット

No.2
政策課題研究の研修マニュアル
首都圏政策研究・研修研究会
1,359円［品切れ］

No.3
使い捨ての熱帯林
熱帯雨林保護法律家リーグ　971円

No.4
自治体職員世直し志士論
村瀬誠　971円

No.5
行政と企業は文化支援で何ができるか
日本文化行政研究会　［品切れ］

No.7
パブリックアート入門
竹田直樹　1,166円［品切れ］

No.8
市民的公共と自治
今井照　1,166円［品切れ］

No.9
ボランティアを始める前に
佐野章二　777円

No.10
自治体職員の能力
自治体職員能力研究会　971円

No.11
パブリックアートは幸せか
山岡義典　1,166円

No.12
市民がになう自治体公務
パートタイム公務員論研究会
1,359円

No.13
行政改革を考える
山梨学院大学行政研究センター
1,166円

No.14
上流文化圏からの挑戦
山梨学院大学行政研究センター
1,166円

No.15
市民自治と直接民主制
高寄昇三　951円

No.16
議会と議員立法
上田章・五十嵐敬喜　1,600円

No.17
分権段階の自治体と政策法務
松下圭一他　1,456円

No.18
地方分権と補助金改革
高寄昇三　1,200円

No.19
分権化時代の広域行政
山梨学院大学行政研究センター
1,200円

No.20
あなたのまちの学級編成と地方分権
田嶋義介　1,200円

No.21
自治体も倒産する
加藤良重　［品切れ］

No.22
ボランティア活動の進展と自治体の役割
山梨学院大学行政研究センター
1,200円

No.23
新版・2時間で学べる「介護保険」
加藤良重　800円

No.24
男女平等社会の実現と自治体の役割
山梨学院大学行政研究センター
1,200円

No.25
市民がつくる東京の環境・公害条例
市民案をつくる会　1,000円

No.26
東京都の「外形標準課税」はなぜ正当なのか
青木宗明・神田誠司　1,000円

No.27
少子高齢化社会における福祉のあり方
山梨学院大学行政研究センター
1,200円

No.28
財政再建団体
橋本行史　1,000円［品切れ］

No.29
交付税の解体と再編成
高寄昇三　1,000円

No30
町村議会の活性化
山梨学院大学行政研究センター
1,200円

No.31
地方分権と法定外税
外川伸一　800円

No.32
東京都銀行税判決と課税自主権
高寄昇三　1,000円

No.33
都市型社会と防衛論争
松下圭一　900円

No.34
中心市街地の活性化に向けて
山梨学院大学行政研究センター
1,200円

No.35
自治体企業会計導入の戦略
高寄昇三　1,100円

No.36
行政基本条例の理論と実際
神原勝・佐藤克廣・辻道雅宣
1,100円

No.37
市民文化と自治体文化戦略
松下圭一　800円

No.38
まちづくりの新たな潮流
山梨学院大学行政研究センター
1,200円

No.39
ディスカッション・三重の改革
中村征之・大森彌　1,200円

No40
政務調査費
宮沢昭夫　1,200円

No41
市民自治の制度開発の課題
山梨学院大学行政研究センター
1,100円

No42
自治体破たん
・「夕張ショック」の本質
橋本行史　1,200円［増補改訂中］

No43
分権改革と政治改革
～自分史として
西尾勝　1,200円

No44
自治体人材育成の着眼点
浦野秀一・井澤壽美子・野田邦弘・
西村浩・三関浩司・杉谷知也・
坂口正治・田中富雄　1,200円

「地方自治土曜講座」ブックレット

《平成7年度》

No.1
現代自治の条件と課題
神原勝　［品切れ］

No.2
自治体の政策研究
森啓　600円

No.3
現代政治と地方分権
山口二郎　［品切れ］

No.4
行政手続と市民参加
畠山武道　［品切れ］

No.5
成熟型社会の地方自治像
間島正秀　［品切れ］

No.6
自治体法務とは何か
木佐茂男　［品切れ］

No.7
自治と参加アメリカの事例から
佐藤克廣　［品切れ］

No.8
政策開発の現場から
小林　勝彦・大石和也・川村喜芳
［品切れ］

《平成8年度》

No.9
まちづくり・国づくり
五十嵐広三・西尾六七　［品切れ］

No.10
自治体デモクラシーと政策形成
山口二郎　［品切れ］

No.11
自治体理論とは何か
森啓　［品切れ］

No.12
池田サマーセミナーから
間島正秀・福士明・田口晃［品切れ］

No.13
憲法と地方自治
中村睦男・佐藤克廣　［品切れ］

No.14
まちづくりの現場から
斎藤外一・宮嶋望　［品切れ］

No.15
環境問題と当事者
畠山武道・相内俊一　［品切れ］

No.16
情報化時代とまちづくり
千葉純・笹谷幸一 ［品切れ］
No.17
市民自治の制度開発
神原勝 ［品切れ］

《平成9年度》

No.18
行政の文化化
森啓 ［品切れ］
No.19
政策法学と条例
阿倍泰隆 ［品切れ］
No.20
政策法務と自治体
岡田行雄 ［品切れ］
No.21
分権時代の自治体経営
北良治・佐藤克廣・大久保尚孝
［品切れ］
No.22
地方分権推進委員会勧告とこれからの地方自治
西尾勝 500円
No.23
産業廃棄物と法
畠山武道 ［品切れ］
No.25
自治体の施策原価と事業別予算
小口進一 600円
No.26
地方分権と地方財政
横山純一 ［品切れ］

《平成10年度》

No.27
比較してみる地方自治
田口晃・山口二郎 ［品切れ］
No.28
議会改革とまちづくり
森啓 ［品切れ］
No.29
自治の課題とこれから
逢坂誠二 ［品切れ］
No.30
内発的発展による地域産業の振興
保母武彦 ［品切れ］
No.31
地域の産業をどう育てるか
金井一頼 600円
No.32
金融改革と地方自治体
宮脇淳 600円
No.33
ローカルデモクラシーの統治能力
山口二郎 ［品切れ］
No.34
政策立案過程への「戦略計画」手法の導入
佐藤克廣 ［品切れ］
No.35
98サマーセミナーから「変革の時」の自治を考える
神原昭子・磯田憲一・大和田建太郎
［品切れ］
No.36
地方自治のシステム改革
辻山幸宣 ［品切れ］
No.37
分権時代の政策法務
礒崎初仁 ［品切れ］
No.38
地方分権と法解釈の自治
兼子仁 ［品切れ］
No.39
市民的自治思想の基礎
今井弘道 500円
No.40
自治基本条例への展望
辻道雅宣 ［品切れ］
No.41
少子高齢社会と自治体の福祉法務
加藤良重 400円

《平成11年度》

No.42
改革の主体は現場にあり
山田孝夫 900円
No.43
自治と分権の政治学
鳴海正泰 1,100円
No.44
公共政策と住民参加
宮本憲一 1,100円
No.45
農業を基軸としたまちづくり
小林康雄 800円
No.46
これからの北海道農業とまちづくり
篠田久雄 800円
No.47
自治の中に自治を求めて
佐藤 守 1,000円
No.48
介護保険は何を変えるのか
池田省三 1,100円
No.49
介護保険と広域連合
大西幸雄 1,000円
No.50
自治体職員の政策水準
森啓 1,100円
No.51
分権型社会と条例づくり
篠原 一 1,000円
No.52
自治体における政策評価の課題
佐藤克廣 1,000円
No.53
小さな町の議員と自治体
室崎正之 900円

NNo.55
改正地方自治法とアカウンタビリティ
鈴木庸夫　1,200円
No.56
財政運営と公会計制度
宮脇淳　1,100円
No.57
自治体職員の意識改革を如何にして進めるか
林嘉男　[品切れ]

《平成12年度》

No.59
環境自治体とＩＳＯ
畠山武道　700円
No.60
転型期自治体の発想と手法
松下圭一　900円
No.61
分権の可能性
スコットランドと北海道
山口二郎　600円
No.62
機能重視型政策の分析過程と財務情報
宮脇淳　800円
No.63
自治体の広域連携
佐藤克廣　900円
No.64
分権時代における地域経営
見野全　700円
No.65
町村合併は住民自治の区域の変更である。
森啓　800円
No.66
自治体学のすすめ
田村明　900円
No.67
市民・行政・議会のパートナーシップを目指して
松山哲男　700円
No.69
新地方自治法と自治体の自立
井川博　900円
No.70
分権型社会の地方財政
神野直彦　1,000円
No.71
自然と共生した町づくり
宮崎県・綾町
森山喜代香　700円
No.72
情報共有と自治体改革
ニセコ町からの報告
片山健也　1,000円

《平成13年度》

No.73
地域民主主義の活性化と自治体改革
山口二郎　600円
No74
分権は市民への権限委譲
上原公子　1,000円
No.75
今、なぜ合併か
瀬戸亀男　800円
No.76
市町村合併をめぐる状況分析
小西砂千夫　800円
No.78
ポスト公共事業社会と自治体政策
五十嵐敬喜　800円
No.80
自治体人事政策の改革
森啓　800円

《平成14年度》

No.82
地域通貨と地域自治
西部忠　900円
No.83
北海道経済の戦略と戦術
宮脇淳　800円
No.84
地域おこしを考える視点
矢作弘　700円
No.87
北海道行政基本条例論
神原勝　1,100円
No.90
「協働」の思想と体制
森啓　800円
No.91
協働のまちづくり
三鷹市の様々な取組みから
秋元政三　700円

《平成15年度》

No.92
シビル・ミニマム再考
ベンチマークとマニフェスト
松下圭一　900円
No.93
市町村合併の財政論
高木健二　800円
No.95
市町村行政改革の方向性
～ガバナンスとＮＰＭのあいだ
佐藤克廣　800円
No.96
創造都市と日本社会の再生
佐々木雅幸　800円
No.97
地方政治の活性化と地域政策
山口二郎　800円

No.98
多治見市の政策策定と政策実行
西寺雅也　800円

No.99
自治体の政策形成力
森啓　700円

《平成16年度》

No100
自治体再構築の市民戦略
松下圭一　900円

No.101
維持可能な社会と自治
～『公害』から『地球環境』へ
宮本憲一　900円

No.102
道州制の論点と北海道
佐藤克廣　1,000円

No.103
自治体基本条例の理論と方法
神原勝　1,100円

No.104
働き方で地域を変える
～フィンランド福祉国家の取り組み
山田眞知子　800円

《平成17年度》

No.107
公共をめぐる攻防
～市民的公共性を考える
樽見弘紀　600円

No.108
三位一体改革と自治体財政
岡本全勝・山本邦彦・北良治・逢坂誠二・川村喜芳　1,000円

No.109
連合自治の可能性を求めて
サマーセミナーin奈井江
松岡市郎・堀則文・三本英司・佐藤克廣・砂川敏文・北　良治　他
1,000円

No.110
「市町村合併」の次は「道州制」か
高橋彦芳・北良治・脇紀美夫・碓井直樹・森啓　1,000円

No.111
コミュニティビジネスと建設帰農
松本懿・佐藤　吉彦・橋場利夫・山北博明・飯野政一・神原勝
1,000円

《平成18年度》

No.112
「**小さな政府**」**論とはなにか**
牧野富夫［3月下旬刊行予定］

No.113
栗山町発・議会基本条例
橋場利勝・神原勝　1,200円

No.114
北海道の先進事例に学ぶ
安斎保・宮谷内留雄・見野全氏・佐藤克廣・神原勝　1,000円

TAJIMI CITY ブックレット

No.2
転型期の自治体計画づくり
松下圭一　1,000円

No.3
これからの行政活動と財政
西尾勝　1,000円

No.4
構造改革時代の手続的公正と第2次分権改革
手続的公正の心理学から
鈴木庸夫　1,000円

No.5
自治基本条例はなぜ必要か
辻山幸宣　1,000円

No.6
自治のかたち法務のすがた
政策法務の構造と考え方
天野巡一　1,100円

No.7
自治体再構築における行政組織と職員の将来像
今井照　1,100円

No.8
持続可能な地域社会のデザイン
植田和弘　1,000円

No.9
政策財務の考え方
加藤良重　1,000円

No.10
市場化テストをいかに導入するべきか　～市民と行政
竹下譲　1,000円

朝日カルチャーセンター 地方自治講座ブックレット

No.1
自治体経営と政策評価
山本清　1,000円

No.2
ガバメント・ガバナンスと行政評価システム
星野芳昭　1,000円

No.4
政策法務は地方自治の柱づくり
辻山幸宣　1,000円

No.5
政策法務がゆく
北村喜宣　1,000円

政策・法務基礎シリーズ
――東京都市町村職員研修所編

No.1
これだけは知っておきたい
自治立法の基礎
600円

No.2
これだけは知っておきたい
政策法務の基礎
800円

地域ガバナンスシステム・シリーズ
（龍谷大学地域人材・公共政策開発システム
オープン・リサーチ・センター企画・編集）

No.1
地域人材を育てる
自治体研修改革
土山希美枝　900円

No.2
公共政策教育と認証評価システム―日米の現状と課題―
坂本勝　編著　1,100円

No.3
暮らしに根ざした心地良いまち
野呂昭彦・逢坂誠二・関原剛・
吉本哲郎・白石克孝・堀尾正靱
1,100円

都市政策フォーラムブックレット
（首都大学東京・都市教養学部
都市政策コース　企画）

No.1
「新しい公共」と新たな支え合いの創造へ―多摩市の挑戦―
首都大学東京・都市政策コース
900円